U0721038

应变心理学

娄 林◎著

—— 人生就是不断地折腾 ——

台海出版社

图书在版编目(CIP)数据

应变心理学 / 娄林著. — 北京:台海出版社,
2017.9

ISBN 978-7-5168-1544-1

Ⅰ.①应… Ⅱ.①娄… Ⅲ.①心理学–通俗读物
Ⅳ.①B84–49

中国版本图书馆 CIP 数据核字(2017)第 208938 号

应变心理学

著　　者:娄　林
责任编辑:高惠娟　贾凤华
装帧设计:芒　果　　　　　版式设计:通联图文
责任校对:王　杰　　　　　责任印制:蔡　旭
出版发行:台海出版社
地　　址:北京市东城区景山东街 20 号　邮政编码:100009
电　　话:010–64041652(发行,邮购)
传　　真:010–84045799(总编室)
网　　址:www.taimeng.org.cn/thcbs/default.htm
E – mail:thcbs@126.com
经　　销:全国各地新华书店
印　　刷:北京鑫瑞兴印刷有限公司
本书如有破损、缺页、装订错误,请与本社联系调换
开　　本:710mm×1000 mm　　　　1/16
字　　数:160 千字　　　　　印　　张:14.25
版　　次:2017 年 10 月第 1 版　　印　　次:2017 年 10 月第 1 次印刷
书　　号:ISBN 978-7-5168-1544-1
定　　价:38.00 元

版权所有　翻印必究

前　言

Preface

1

想换工作跑道，却找不到职业方向？此时的你，是否觉得异常迷惘？

你是否曾因无力说服别人而懊丧？是否曾被别人牵着鼻子走而浑然不觉？事后的你，是否觉得异常沮丧？

事业失败、失去高级职位、失去房子，甚至失去亲人伴侣……这样的你是否痛不欲生，感觉陷入了绝境？

莫里哀曾说："变通是才智的试金石。"

世间万物都在变，没有变化，就会落后，就无法生存。事变我变，人变我变，适者方可生存。

成功离不开变通。

只要你面对变化，调适好心态，学会了适应，你就能够在迷雾中看清目标，能在众多资源中发现自己的独特优势。即使是身陷困境，你也能保持清醒的头脑，找到解决问题的方法。

2

我们从出生起就在和这个世界互动，每个人都有一套自己与世界相处的运作程序和系统，慢慢地我们的头脑中就形成了一套固定的思维模式。

这个模式决定我们怎样看待问题，如何思考问题以及成为什么样的人。

打个比方，落水后，应该游向什么地方？

很多人想也不想地回答："当然是岸边啊！"

没错，可是，当你不小心落入瀑布下的漩涡流中间的时候，如果你尽全力游向岸边的话，当你的力量被耗尽的时候，你就会因被吸入漩涡底部而死；而如果你把身体团成一团，只要屏住呼吸，你将很快被快速的水流甩出漩涡。

如此看来，落水后游向岸边是对的，但是，在水流很快的漩涡里它却是致命的地方。

这就是所谓的思维定式——有时候，被我们奉为真理的思维模式也有其局限性。

如果，在不断发展、日新月异的生存领域里，有些人在进入"漩涡"里后，仍然在用过去"往岸边游"的方式游泳，最后肯定是一无所获，甚至丢掉所有。

3

这个世界唯一不变的就是变——从达尔文进化论，从荣格"我们无法改变任何事除非先接受改变"，到丘吉尔"如果你正穿越地狱你就继续往前走"，到乔布斯"活着就是为了改变世界"；马云提出了"拥抱变化"，王利芬说"其实改变天天在发生，只是很多人没有意识到。当意识到时已晚了"。

……这一切都说明了，在这个竞争激烈的社会里，成功其实没有固定的模式，有时候，我们换一种思路就会发现一个崭新的天地。在这样的情况下，我们不应该固守惯有的成功模式，不懂得变通。

我们生活的这个世界，任何时候都需要新的想法、新的做事方法、新的领军人物、新的发明、新的形式，以及各种各样的新变化。对于更新更好的事物的追求，需要你掌握一种应变的心理学。

本书从语言交际、为人处世、工作、外部环境、内部心态等几个方面，对"应变心理学"提出了明确具体的说明、详细可操作的方法，教会你改变时应具有的心态和行动的方法。

每一位对生活依然充满憧憬的人，都可以通过对本书的学习找到不断自我调整的方向，每一位对生活有过迷惘的人，都应该随时打开这本书，好好聆听一堂人生问题处理课，每一位渴望成功和幸福的人，都应该拿起本书，帮助自己思考在当下与未来的可能处境，激发自身潜在的伟大力量！

目　录

Contents

第一章　拓宽思维：此路不通彼路通　/ 1

无论是在追求梦想的道路上，还是在日夜奔波的生活中，我们常常会遇到"此路不通"的尴尬境地，但是既然事实如此，我们就只能去拓展思维，另走一条道。

第二章　学会选择：找对方向再努力　　/ 29

　　路就在脚下，努力之前应先选择一个正确的方向！如果选择了一个错误的方向，哪怕是历尽千辛万苦，也可能只会事倍功半甚至得到失败的结果。

第三章　敢于冒险：当机立断抓住机遇　　/ 47

　　一个没有目标、没有勇气的胆小鬼即使与机会相遇，也根本不敢迈出成功的第一步，只觉得成功不会属于自己。

目
录

目
录

第 一 章

拓宽思维，此路不通彼路通

◈

　　无论是在追求梦想的道路上，还是在日夜奔波的生活中，我们常常会遇到"此路不通"的尴尬境地，但是既然事实如此，我们就只能去拓展思维，另走一条道。

1. 拆掉思维里的那堵墙

古罗马有一句俗语是"条条大路通罗马"。

关于这句话，有这样一个小典故。罗马城作为当时地跨亚非欧的罗马帝国的经济、政治和文化中心，频繁的对外贸易和文化交流使得这里外国商人和朝圣者络绎不绝。罗马统治者为了加强对罗马城的管理，修建了一条条大道。它们以罗马为中心，通向四面八方。据说人们无论是从意大利半岛的某一个地方还是欧洲的任何一条大道开始旅行，只要不停地往前走，都能成功抵达罗马城。而现在"条条大路通罗马"是形容达到一个目的地的方法多种多样，我们在实现目标过程中可以有多种选择。

一位母亲列了一份清单让自己的孩子出门买各种杂粮，并在孩子临走时给了他几个装米的袋子。孩子来到粮店，依照清单一一买过，这才发现少了一个袋子。清单上详细地写了大米、小米、高粱和玉米四种粮食，而母亲就给了3个袋子。孩子没有多余的钱买布袋，也就没办法买全所有的粮食，于是就只装满了3个袋子回家了。

归来后，孩子一进门就抱怨母亲不仔细检查布袋，以至于让自己还要再跑一趟，买剩下的玉米。母亲笑了笑："你不会找老板要一根绳，然后把装的少的布袋从中间扎牢，那么上面一层不就可以装玉米了？实在没想到的话，你还可以再买一个布袋装玉米啊？"孩子反驳说没有多余的钱买布袋。母亲又笑了笑："傻儿子，你不会少要一斤米啊？这样不就能买布袋了吗？"

孩子一听傻了眼，又羞又恼地去买玉米了。

在问题面前，我们要想办法解决。一种办法解决不了，我们还可以想其他办法。最重要的是在遇到问题时不能循规蹈矩，墨守成规，一头钻进死胡同。要学会转换思路，改变角度，那样你会发现解决问题其实一点也不难。

我们必须意识到变化随时随地都有可能发生。我们不但要适应变化，适时调整，还要学会预见变化，做好迎接挑战的准备。

事实上，我们之所以会执着于此路而停滞不前，是因为我们的固有思维认为那是最顺畅、最好的一条路。惯性思维方式让我们错过了许多宽敞顺畅的大路，也错过了许多别样的美丽风景。

"观光电梯"被发明出来其实是很偶然的，它的创意是在一次增设电梯的工程中闪现的。

因为人流量的加大，原本的电梯已不能满足人们的使用需求，美国摩天大厦出现了严重的拥堵问题。为了尽快解决这一问题，工程师建议大厦尽快停业整修，直到将新的电梯修好为止。这个建议很快得到了上层领导的认可并被付诸行动。当电梯工程师和大厦建筑师们做好了一切准备工作，开始要穿凿楼层时，一位大厦里的清洁工在询问情况时激发了工程师们的创意。

"你们得把各层的地板都凿开吗？"清洁工问道。工程师向她解释，如果不凿开，那就没法装入新的电梯。

"那大厦岂不是要停业很久？"清洁工又问道。工程师无奈地点头："每天的拥堵情况你也看到，我们没有别的办法，也不能再耽误了，否则情况更糟。"

清洁工不经意地随口说道："要是我，我就把电梯装到外面去。"

这个看似不经意的建议，其实蕴含了无限大的智慧。也许身为清洁工的当事人并没有察觉到她的一句玩笑话会成为工程师们的创意亮点。于是世界上第一座"观光电梯"就这样孕育而生了。

专业工程师为了解决大厦拥堵的状况，决定在大厦内再安装一架电梯，这一方案可谓吃力不讨好。而在大厦外安装电梯方案不仅解决了问题，缩小了大厦停业的可能性，而且还创造出了新类型的电梯，使人们能欣赏到最美的风景。

为什么工程师们的专业眼光就产生不了这一奇妙的创意呢？根本原因就在于这些工程师的思维早已束缚在一成不变的建筑知识体系当中，形成了一套固有的模式。因而每个人都应避免让僵化的思维方式对解决问题产生束缚，这样才能发现比较完美的方案。

获得成功的途径是多种多样的，鲁迅并不是弃医从文才会获得成功，以他的伟大人格和深厚知识来说，即使他继续学医，往后未必不是另一个"白求恩"。还有天才达·芬奇，他的建树不仅在艺术绘画等方面，还在天文、物理、医学、建筑、水利和地质等方面，在这些领域他都有一些重要的成就，而且成为后世学科研究的最好参照。

每一条路都能通往成功，唯一不同的只是这些路的艰险情况。正如"条条大路通罗马"一样，在不同的行业里，用不同的奋斗方式，都能使我们获得成功。"此路不通"的情况只存在于路标牌中，因为通过绕行，我们最终仍能到达理想之地。

1950年的美国西部是一片充满传奇和财富的土地。随着大量黄金的被发现，人们怀着淘金梦想，纷纷踏上了西部荒无人烟的土地。

身为犹太人的李维·施特劳斯从小就相当聪明，同所有犹太人一样，他不安分，爱冒险，而且他继承了犹太人善于经商的本事，在20多岁时便放弃了稳定工作，加入到淘金的洪流中。

长途跋涉来到西部后，他发现淘金的美梦并不现实。荒凉的西部早已涌满了淘金的人群，到处都是他们的帐篷。

发财的人遍地都是，他到底能不能分到一杯羹呢？他心里没底，他不想就这样放弃，也不想这样漫无边际地等待，心中渴望尽快成功的他开始思考自己的成功之路。

一次偶然的机会，他发现自己所在的淘金地点离市中心很远，每一次淘金者买东西都十分不方便。他决定放弃淘金这种遥不可及的发财梦，然后开了一家日用品商店，试图以另一种方式获得成功。

事实证明他是对的。他的小商店生意越来越好，淘金者们"金闪闪的收获"源源不断地流向了李维的小商店。但是他的小商店里有一样东西的销路始终不好，那就是帆布。按理来说，淘金的人都住在帐篷里，最需要的就是帆布。但是淘金者大多都自己带帐篷了，因而帆布的生意就非常冷淡。

一天李维向一名淘金者推销帆布，工人摇摇头说"我不需要帐篷，我需要像帐篷一样坚硬耐磨的裤子。"李维很好奇，追问原因，工人告诉他，淘金的工作很艰苦，衣服经常要与石头、砂土摩擦，一般的裤子都不耐磨，几天就破了。这些话提醒了李维。他想这些帆布如果做成裤子，肯定很受大家的欢迎。于是他仿效美国西部一位牧工的设计制作工装裤。1853年，第一条日后被称为"牛仔裤"的帆布工装裤诞生了。他马上向矿工推销，不出所料，这种款式和布料的裤子很受工人喜欢，大量的订单随之而来。李维的事业也由此起步。

在这场全民淘金的竞争中，每个人都想发财，一些人利用淘金获得了成功，而另一些人看到了别的发财机会，同样也获得了成功。因而不是没有成功的路，关键在于要有发现商机的头脑。

其实"此路不通彼路通"是在告诉我们要勇敢面对"不通"的窘境，然后运用发散思维寻找另一条成功的捷径。

每个人的思维方式都不相同，也不是每个人在面对"不通"的窘境时都能处之泰然，游刃有余。但如果我们掌握了一些方式方法，便能轻松地解决这些问题。

首先，我们要避免此路不通的情况发生。要承认这些变化，事前进行详细的思考与分析，找出前进道路中可能会出现的所有问题，并做好准备；发生变化后，不能慌张，也不要一味地守株待兔。办法是死的，但人是活的，我们要适应变化，适时调整方案，坚持不懈，朝着成功勇敢迈步。

其次，要开拓思维能力，提高处事应变的能力。变相思维、逆向思维、多向思维等，我们应锻炼自己的思维头脑，从中找到最适合的处理办法。思维就像一台机器，使用多了就会越来越灵活，经常从不同角度全方位地思考问题，处理问题的方法自然就会很多，也就能从中找到最好的一条捷径。

2. 举一反三，摸着石头过河

遇到困难，人们总喜欢以顺势的思维去思考，希望在相同的领域里摸索到能够解决问题的方法，但有时却根本满足不了我们的需求，其实我们完全可以试着从其他的领域突破，找到方法。

人与人之间、事物与事物之间都存在着很多相似点，虽然表现的方式是不同的，但是只要你有一双善于发现的眼睛，你就可以找到他们的共同点，从而刺激大脑，找到解决问题的思路。

300多年前，一位奥地利医生给一个胸腔有疾的人看病，由于当时技术落后，医生无法发现病因，病人不治而亡。后来经尸体解剖，才知道死者的胸腔已经发炎化脓，而且胸腔内积水。这位医生非常自责，决心要研究判断胸腔积水的方法，但始终不得其解。恰好，这位医生的父亲是个酒商，他不但能识别酒的好坏，而且不用开桶，只要用手指敲敲酒桶，就能估量出桶里面有多少酒。医生由此联想到，人的胸腔不是和酒桶有相似之处吗？父亲既然能通过敲酒桶发出的声音判断桶里有多少酒，那么，如果人的胸腔内积了水，敲起来的声音也一定和正常人不一样。此后，这个医生再给病人检查胸部时，就用手敲敲听听。他通过对许多病人和正常人的胸部的敲击比较，终于能从几个部位的敲击声中，诊断出胸腔是否有病，这种诊断方法现代医学称为"叩诊法"。

后来，这种"叩诊法"得到进一步发展。1861年，法国男医生雷克给一位心脏病妇女看病时，非常为难。正在此时，他忽然想起了一种儿童游戏。孩子们在一棵圆木的一头用针乱划，另一头用耳朵贴近圆木能听到刮削声。由此，他有了主意。他请人拿来一张纸，把纸紧紧卷成一个圆筒，一端放在那妇人的心脏部位，另一端贴在自己的耳朵上，果然听到病人的心脏的跳动声，而且效果很好。后来，他将卷纸改成小圆木，又改成橡皮管，另一头则改进为贴在患者胸部能产生共鸣的小盒，就演变成了现在的听诊器。

摸着石头过河，尽管医生在探索的过程中能够感受到艰难，打破行业的界限也不是一件容易的事情，但是，面对自己解决不了的难题，既然没有更好的方法，那么我们完全可以开阔自己的思路，吸收一些不同的想法和做法，举一反三，让不相同的事物串起来，使不可能变成可能。

在生活中，我们更加需要这种以一点观全局，以此类事物联想到彼类事物的思维方式。特别是在职场中，我们身边的很多人都从事过不同的行业，他们可能会觉得自己的不同经历之间是没有联系的，其实这样的想法是错误的。一个人可能现在做作家，但是曾经做过的销售工作，一定会为他开阔思路起到一定的作用，生活阅历也将是他进行创作的基础；如果他现在在做文员，可是以前当教师的经历也能让他感受到办公室里的人文气息，他的思想已经在那个氛围当中得到很好的熏陶……虽然摸着石头过河有一些冒险，但是当自己渡过了难关，你就会发现，自己已经从毛毛虫变成了一只翩翩起舞的漂亮蝴蝶。

在企业当中，同样需要将触类旁通运用到极致。众所周知，市场是没有现成的规律可以遵循的，它总是在以飞快的速度变化着。如果我们想要依靠相同领域里的其他人的思想来为自己创造效益，那么无疑我们就是在模仿他人。跟在别人的身后，是不会有什么大发展的，所以我们要走出一条属于自己的道路。但这又十分艰难。人的大脑是有限的，不可能事事都能想到对策，所以我们就要摸着石头过河，利用其他领域的观念，来创造自己的人生财富。

3. 犯错不可怕，但要事后反思

在成长中，谁能丝毫无错？犯错不可怕，但你要学会反思，从错误中吸取经验教训。不经反思的生活，品质难提升；不总结生活经验的人，只能原地踏步。

戴尔·卡耐基说："我的档案柜中有一个私人档案夹，标示着'我所做过的蠢事'。夹中插着一些做过的傻事的文字记录。我有时口述给我的秘书作记录，但有时这些事是非常私人的，而且愚蠢之极，不好请我的秘书作记录，因此只好自己写下来。每次我拿出那个'愚事录'的档案，重看一遍我对自己的批评，可以帮助我处理最难处理的问题——管理我自己。我曾经把自己的麻烦怪罪到别人头上，不过随着年龄渐增，我最后发现应该怪的人只有自己。很多人随着年纪的增长都认清了这一点。"

拿破仑被放逐到圣海伦岛时说："我的失败完全是自己的责任，不能怪罪任何人。我最大的敌人其实是我自己，这也是造成我的悲惨命运的主因。"

富兰克林每晚都自我反省。他发现了自己会犯13项严重的错误。其中3项是：浪费时间、关心琐事及与人争论。睿智的富兰克林知道，不改正这些缺点，是成不了大业的。所以，他将一周改进一个缺点作为奋斗目标，并每天记录赢的是哪一边。下一周，他再努力改进另一个坏习惯，他一直与自己的缺点奋战，整整持续了两年。难怪富兰克林会成为受人爱戴、极具影响力的人物。

人不可能避免犯错，但切不可一错再错。"人非圣贤，孰能无过"，世界上没有一个人能保证自己永远不犯错。但是，为什么有的人成就卓著，而有的人却碌碌无为？其实，答案很简单：有的人一错再错，没有及时地从错误中吸取教训，而延缓了前进的步伐。

在现实生活中，如果你总是犯同样的错误，可能还会有另一些你没想到的后果。

（1）暴露了你的思维模式及行为习惯

如果你老是犯同样的错误，这表明你的思维模式有了僵化之处。在做错事之后，也许你想很好地反省自己，但你却没有发现问题所在，所以下次做事时还是出错；也许你发现了问题，但因为受到长期累积下来的行为习惯的束缚，下次做时还是会犯。这种人若是带兵打仗，一定会吃败仗；待人处事时，也会生出许多是非。你会在何种场合出何种错误早就被人想到，那你在与人竞争时还有什么胜算可言呢？

（2）影响他人对你的评价

当人们评价一个人时，往往先看外表，再看其所做出的具体事情。事情做得越好，进行得越深入，别人的评价就越高。如果你老是做错事，人们对你的评价自然就低。若是一再犯同样的错误，评价就更低了，因为别人会对你的反省能力、做事能力及用心程度产生怀疑。即使你是无心之过，犯的是小错，别人对你的评价也会大打折扣。

应慎重地面对犯错及其后果。首先，你要反省与检讨自己，彻底了解自己犯错的原因何在，是能力问题、技术问题，还是性格问题、观念问题？尤其是后面的二者，有必要毫不留情地予以检讨，这样才不会自我欺骗，逃避真正的问题。其次，要反思自己及别人错误的经验，借反思来提高自我警觉。人会犯错，经常是因为性格及习惯所造成的，反思错误的经验有助于修正自己性格及习惯上的偏差。

曾子说："吾日三省吾身。"只有每天反省自己的人才能从自己的经验中获得启示，才能获得精神上的进步。不对自己的生活进行反思，我们的宝贵经验就白白流失了。让我们做自己最严苛的批评家，在反思中不断成长吧！

4. 挖一口属于自己的井

坦率地说，任何人都不愿意面对失败。当技术人员发现自己辛辛苦苦开发的软件被证明是漏洞百出时，当销售人员费尽口舌依然没有签到合同时，当一个管理者发现自己的团队是一盘散沙时，那种沮丧、失落的心情确实令人难过。也许他们可以用无数个理由来为自己开脱，什么运气不好，一时疏忽，配合不力等等。但事实可以告诉我们，隐藏在这些失败背后的真正原因就是：思考不到位。

在吸引了几乎全世界人眼球的拳坛世纪之战中，当时正如日中天的泰森根本没有把已年近40岁的霍利菲尔德放在眼里，自负地认为可以毫不费力地击败对手。同时，几乎所有的媒体也都认为泰森将是最后的胜利者。美国博彩公司开出的是22赔1泰森胜的悬殊赔率，人们也都将大把的赌注押在了泰森身上。

在这种情况下，认为已经稳操胜券的泰森对赛前的准备工作——观看对手的录像、预测可能出现的情况及应对措施、充足的睡眠和科学的饮食都敷衍了事。

但是，比赛开始后，泰森惊讶地发现，自己竟然找不到对手的破绽，而对方的攻击却往往能突破自己的漏洞。于是，气急败坏的泰森做出了一个令全世界人都感到震惊的举动：一口咬掉了霍利菲尔德的半只耳朵！

世纪大战的最后结局当然是：泰森成了一位可耻的输家，还被内华达州体育委员会罚款600万美元。

泰森输在思考得不够，当霍利菲尔德认真研究比赛录像，分析他的技术特点和漏洞时，泰森却将资料扔在了一边；当对手在比赛前拼命热身，提前进入搏击状态时，他却在和朋友一起狂欢。虽然泰森的实力确实比对手高出一筹，从年龄上也占尽了优势，但他最后一败涂地。

思考太重要，但也太平常了。我们大家几乎每天都生活在思考之中，比如，思考中午吃什么饭，思考晚上回家走哪条路才能快一点……正是因为如此平常，所以，我们对它的重要性视而不见。

只有当思考的习惯成为你身体的一部分，它才会永远在那里，并帮助你取得令人惊讶的胜利。

我们以宝洁公司生产的婴儿纸尿布为例，它的销售市场遍及世界各地，在德国和中国香港市场都一度非常畅销。

但好景不长，不久，德国的销售点向总公司汇报：德国的消费者反映，宝洁公司的尿布太薄了，吸水性能不足。而中国香港的销售点却向总公司汇报：香港的消费者反映，宝洁公司的尿布太厚了，简直就是浪费。

总公司感到非常奇怪：为什么同样的尿布，会同时出现太薄又太厚两种情况呢？这让公司的管理人员有点摸不着头脑。

其实，这是宝洁公司的产品开发人员在设计产品时缺乏应有的准备，对产品销售的不同市场没有经过细致的调研和考察所造成的。

总公司通过详细的调查后发现，出现同时反映太薄又太厚的原因，是德国和中国香港的母亲使用婴儿尿布的不同习惯所致。虽然中西方婴儿一天的平均尿量大体相同，但德国人凡事讲究制度化，完全按照规矩行事，德国的母亲也是如此，早上起来的时候给孩子换一块尿布，然后就这么一整天都不会去管他，一直到了晚上才会再去换一次。于是，宝洁公司的尿布相对于这样的情况明显就显得太薄了。可是香港的母亲却是把婴儿的舒适当作头等大事，孩子只要尿布湿了就会换上一块新的尿布，一天不知道要换多少次，所以宝洁公司的尿布在这里就显得太厚了。

显然，宝洁公司的产品开发人员并没有考虑到产品市场中不同国家之间的文化差异，在设计新产品的时候没有做好相应的准备工作，结果弄得怨声载道，使宝洁公司蒙受了不少的经济损失。

产品开发人员只不过忽视了在不同地域使用尿布的习惯上进行调研，等待他们的就是无情的市场风险。曾经省下的调研成本，现在却要付出十倍、百倍甚至千倍的代价。

这就是"凡事预则立，不预则废"的道理。也有力地论证了，你越"轻视"思考，失败就会越"重视"你。

一次，罗文和几名士兵接受一项运输一批重要的军用物资的任务。接到任务后，罗文利用出发前的时间，了解了途经道路的情况；查看了途经地区以往的气象资料，并做了详细的记录和分析。罗文从资料中分析到，途经地区的雨季即将来临。为了安全，罗文决定提前一小时出发。顺利的话，他们可以在天黑之前通过最险的路段，这样就可以避开万一下雨可能造成的泥石流和山体滑坡。

而恰恰是这提前的一小时救了他们。由于行驶途中，一辆汽车轮胎被尖利山石扎破耽误了时间。而天气突变，眼看大雨就要来临。他们拼命赶路，等最后一辆车冒雨驶离盘山路不久，后面的一段路就塌掉了。第二天，他们顺利抵达目的地，从众人惊异的目光中得知，昨天他们经过的地方由于泥石流，发生了惨重的伤亡事故。

如果罗文按原计划出发，那事故就无法避免了。正是准备让他做出了正确的决定，保证了任务的完成。

只有真正理解了这一点，才能在成功的路上少走弯路。有这样一个故事就很好地说明了这一点。

从前，有两个教士——威廉和汤姆，住在相邻两座山上的教堂里。山间有一条小溪，他们每天都会在同一时间去溪边挑水。就这样一晃5年。一天，汤姆没有下山挑水，威廉没有过多地在意。谁知第二天，汤姆也没出现，第三天也一样。就这样过了1个月后，威廉终于按捺不住了，要去看个究竟。

威廉来到了汤姆的教堂，看到汤姆正在十字架前祈祷。威廉好奇地问汤姆："你已经1个月没有下山挑水了，难道你可以不用喝水吗？"汤姆笑着说："我带你去看看，你就会明白了。"于是，汤姆带着威廉走到教堂的后院，指着一口水井说："这5年来，我每天做完祈祷后，都会抽空来挖这口井。虽然我们现在年轻力壮，尚能自己挑水喝，倘若有一天我们都年迈走不动时，我们还能自己挑水喝吗？又会有谁能为我们挑水喝？所以，我从没有间断过我的挖井计划。现在终于成功了，我不必再下山挑水了。我可以有更多的时间，来做我喜欢做的事情。"

威廉心里很后悔：自己为什么就没有想到呢？

挖一口属于自己的井，为以后的工作和生活做好准备，就可以让工作更轻松，生活更美好。要保证我们在今后的日子里天天有水喝，而且还能喝得很悠闲，还能源源不断，就要具备事先"思考"的意识——没有什么能比忙忙碌碌更容易，但很多人没有考虑到，这种忙碌后的效果如何。要知道，缺乏准备的忙碌只是在白费力气。

其实，许多看似偶然的事件都包含着必然的因素，而准备却可以使偶然出现的机会变成必然的成功因素。让一个人去做一件没有准备好的事情，那么，这件事的失败在行动前就已经注定了。

5. 不要两次走进同一条死胡同

正如那句谚语所说，一只狐狸不能以同一个陷阱捉它两次，驴子绝不会在同样的地点摔倒两次，只有傻瓜才会第二次跌进同一个池塘。

世界上没有一个人能保证自己永远不犯错误。对于社会中的每一个人来说，我们应当牢记的一个法则是：不要犯同样的错误。任何人都难免犯错误，不犯错误的人是没有的，聪明的人能够吸取上一次的教训，为避免有下一次挫败做好准备；愚蠢的人并不能这样做，仍然在犯与第一次相同的错误。所谓"吃一堑，长一智"，我们应该从错误中吸取教训，确保下一次不再犯同样的错误，人们不应该两次走进同一条死胡同。

有一次，一个猎人捕获了一只能说90种语言的鸟。

这只鸟说："放了我，我将告诉你3条忠告。"

猎人回答说："先告诉我，我保证会放了你。"

鸟说道："第一条忠告是：做事后不要懊悔。"

"第二条忠告是：如果有人告诉你一件事，你自己认为是不正确的就不要相信。"

"第三条忠告是：当你爬不上去时，别费力去爬。"

讲完这3条忠告之后，鸟对猎人说："现在你该放了我吧。"猎人依照刚才所说的将鸟放了。

这只鸟飞起后落在一棵高树上，它向猎人大声叫道："你放了我，你真愚蠢。但你并不知道在我的嘴中有一颗十分珍贵的大珍珠，正是这颗珍珠使我这样聪明。"

这个猎人很想再次捕获这只放飞的鸟，他跑到树跟前并开始爬树。但是当爬到一半的时候，他掉了下来并摔断了双腿。

鸟嘲笑他并向他叫道："傻瓜！我刚才告诉你的忠告你全忘记了。我告诉你一旦做了一件事情就别后悔，而你却后悔放了我。我告诉你如果有人对你讲你认为是不可能的事，就别相信，但你却相信像我这样一只小鸟的嘴中会有一颗很大的宝贵珍珠。我告诉你如果你爬不上某东西时，就别强迫自己去爬，而你却追赶我并试图爬上这棵大树，结果掉下去摔断了你的双腿。"

说完鸟就飞走了。

这则故事的寓意可谓深刻至极。同样，无论是在生活中还是在工作中，我们经常听到别人的忠告，有时自己也会对别人提出忠告。忠告一般都是从经验教训中总结出来的，目的就是为了避免下一次的错误。因此，我们应该从自己成功与失败的经历中得出经验教训，然后根据实际情况灵活运用，避免犯同样的错误。

下面是一则关于一位深谙自我管理艺术的人物豪威尔的故事，他是美国财经界的领袖，曾担任美国商业信托银行董事长，还兼任几家大公司的董事。他受的正规教育很有限，在一个乡下小店当过店员，后来当过美国钢铁公司信用部经理，并一直朝更大的权力地位迈进。

豪威尔先生讲述他克服危机的秘诀时说："几年来我一直有个记事本，记录一天中有哪些约会。家人从不指望我周末晚上会在家，因为他们知道，我常把周末晚上的时间留作自我省察，评估我在这一周中的工作表现。晚餐后，我独自一人打开记事本，回顾一周来所有的面谈、讨论及会议过程。我自问：'我当时做错了什么？''有什么是正确的？我还能做些什么来改进自己的工作表现'，'我能从这次经验中吸取什么教训'？这种每周检讨有时弄得我很不开心，有时我几乎不敢相信自己的莽撞。当然，年事渐长，这种情况倒是越来越少，我一直保持这种自我分析的习惯，它对我的帮助非常大。"

豪威尔的做法值得我们每一个人学习，睿智的人知道，不吸取教训，不改正错误，是成不了大业的。

一般人常因他人的批评而愤怒，有智慧的人却想办法从中学习。诗人惠特曼曾说："你以为只能向喜欢你、仰慕你、赞同你的人学习吗？从反对你的人、批评你的人那儿，不是可以得到更多的教训吗？"

与其等待敌人来攻击我们或我们的工作，倒不如自己动手。我们可以是自己最严苛的批评家。在别人抓到我们的弱点之前，我们应该自己认清并处理这些弱点，及时完善自己虽然不能保证百战百胜，但至少可以避免让敌人用同样的手法轻易地击败自己。

6. 在别人的经验里找捷径

聪明人做事，都讲究方法和捷径。他们明智地运用他人的方法，省略盲目的实验过程，往往能够事半功倍。

捷径，并不是偷懒，也不是投机取巧，它代表了成就和效率。很多时候，尤其是在比较紧张的时候，寻找捷径往往能取得非常好的效果。

在一次数学课上，老师给大家出了这样一道数学题：请问，将1至100

之间的所有自然数相加，和是多少？老师承诺，谁做完这道题，谁就可以放学回家。

为了能尽快回家享受那自由而快乐的美好时光，同学们都努力地算了起来，有的人甚至额头上都渗出了汗。只有高斯一人静静地坐在自己的座位上。他一只手撑着下巴，一只手无意识地摆弄着手中的铅笔。他在寻找一种可以快速解答这个问题的办法。

过了一会儿，小高斯举手交答案了。

"老师，这道题的答案是5050。"高斯很自信地说。

"你可以给出你的方法吗？别人可连一半都没有加完啊！"老师略带吃惊地问。

"当然。你看，$100+1=101$，$99+2=101$……以此类推，到$50+51=101$时，恰好得到了50个101，因此最后的结果也就是5050了。"

老师对高斯的解答十分满意，并确信他将来一定会有所作为。后来高斯真的成为世界知名的数学家。

做任何事情，都既要勤奋刻苦也要开动脑筋。只要方法找到了，做起事来才会更快、更好。

西方有一句有名的谚语，叫作Use your head，就是多多动脑的意思。许多人一生都遵循着这句话，解决了很多被认为是根本解决不了的问题。在现代社会，每个人都在想尽一切办法来解决生活中的一切问题，而最终的成功者是使用最巧妙办法的那部分人。

有一个人在一家建筑材料公司当业务员。虽然产品不错，销路也不错，但产品销出去后，总是无法及时收到回款。当时公司最大的问题是如何讨账。

有一位客户买了公司10万元产品，但总是以各种理由迟迟不肯付款。公司先后派了3批人去讨账，但都没能要到货款。当时这个人到公司上班不久，就和另外一位员工一起被派去讨账。他们软磨硬泡，想尽了办法。最后，客户终于同意给钱，叫他们过两天来拿。

两天后他们赶去，对方给了他们一张10万元的现金支票。

他们高高兴兴地拿着支票到银行取钱，结果却被告知，账上只有99930元。很明显，对方又耍了个花招，给的是一张无法兑现的支票。马上就要春节了，如果不及时拿到钱，不知又要拖延多久。

遇到这种情况，一般人可能就一筹莫展了。但是这个人突然灵机一动，赶紧拿出100元钱，让同去的人存到客户公司的账户里。这样一来，账户里就有了10万元。他立即将支票兑了现。

当他带着这10万元回到公司时，董事长对他大加赞赏。之后，他在公司不断发展，5年之后当上了公司的总经理。

是的，当谁都认为工作只需要按部就班做下去的时候，偏偏总有一些优秀的人，会找到更有效的方法，将效率大大提高，将问题解决得更好更完美！正因为他们有这种"找方法"的意识和能力，让他们以最快的速度得到了认可！

我们再来看一个故事：1793年，守卫土伦城的法国军队发生叛乱。在英国军队的援助下，叛军将土伦城护卫得像铜墙铁壁，前来平叛的法国军队怎么也攻不下。

土伦城四面环水，且有三面是深水区。英国军舰在水面上巡逻，只要前来攻城的法军一靠近，就猛烈开火。法军的军舰远远不如英军的军舰先进，根本无计可施。

就在这时，法国军队一位年仅24岁的炮兵上尉灵机一动，当即告诉指挥官："将军阁下，请急调100艘巨型木舰，装上陆战用的火炮代替舰炮，拦腰轰击英国军舰，以劣胜优！"

果然，这种"新式武器"一调来，英国舰艇无法阻挡。仅仅两天时间，英军的舰艇就被火炮轰得七零八落，不得不狼狈逃走。叛军见状，很快就缴械投降了。

经历这一事件后，这位年轻的上尉被提升为炮兵准将。这位上尉就是后来成为法国皇帝的拿破仑。

像很多杰出人物一样，拿破仑之所以成功，相当程度上是因为在关键时刻找到了有效解决问题的方法，从而使自己走上了一个新的台阶，获得了一个有高度的新起点！有了这样的新起点，才有了更大的舞台，才能吸引更多的人向自己看齐，才有更多的资源向自己汇集。

刘邦吸取了秦朝灭亡的教训，建立汉朝后采用了休养生息的政策。东汉看到西汉土地兼并的弊端，开始限制这个问题。唐朝吸取隋朝穷兵黩武的教训，开始推崇文教。宋朝吸取唐朝后期的大家族、外戚专政的教训，采取不杀读书人的政策。明朝吸取过去宦官干政的教训，专门在宫殿门口贴了一个牌子，规定宦官不能接触政事……

历史的发展，都要吸取之前的教训，因为这样能让人们少走很多弯路。这就是用别人的教训充实自己的经验宝库。别人的教训，是自己的免费经验；别人的智慧，更可以直接变为自己的智慧。

人，最大的悲哀，不在于无知，而在于不知道自己无知，即使知道了自己无知，也不愿意学习，这更是无知中的无知。

我们在生活中，总是遇到各种各样的麻烦，各种各样的问题，这个时候，能否从别人那里学到经验则是我们能否成功规避不必要的失败的重要手段。并不是所有的道路都需要重新再走一遍。

而在人生旅途中，我们难免会走上错路和岔路，有时我们不得不返回原点。这时我们必须告诫自己：不能再走那一条路。经验的意义就在于，他人的失败，值得我们引以为戒，自己的失败，更要时刻牢记。

事实上，我们完全可以避免许多不应该有的错误，因为很多事，我们都有案例可以借鉴，认真地抬起头，观察、思考前人的经验和教训，不仅可以节省大量的探索时间，还会避免犯下很多探索中的错误。

7. 另辟蹊径，做到这几点就不难

面临激烈的竞争，我们要勇于打破思维定式，创造性地开拓市场，善于另辟蹊径，巧妙经营，以最快的速度赢得主动权，赢得胜利。

下面教你三种打破思维定式的方法。

第一：学会联想思维。

联想思维好比所罗门大帝的宝藏，而联想思维的训练就是挖掘这个宝藏所进行的考古过程。

我们要先确立这个宝藏的位置所在，找一个好的起点，然后要依靠知识和技能设想挖掘这个宝藏要遇到的困难，也许我们会遇到机关陷阱，也许我们会看到海市蜃楼，也许会有守殿的骑士阻碍我们的行程。当然我们的训练与考古相比具有绝对的安全性，可是训练的过程却可以像考古一样充满奇趣。随着联想思维的拓展，你会为自己的想法而惊奇！这个过程不会是枯燥的体育锻炼，也不会是抓破头皮的数学计算，可是需要你绞尽脑汁去想你从来未曾想过、以及你觉得根本不可能的问题，一切奇怪的意念也好、惊世骇俗的想法也罢，我们要的就是这样的效果！

法国的格洛阿是位天才数学家，有一天，他去找朋友鲁柏，来到罗威艾街的一幢四层楼的公寓，走进二楼九室。

看门的女人告诉他，鲁柏先生在两星期以前就死了，是被人用刀子刺死的。鲁柏先生父母刚寄来的钱也被偷去了，犯人还没有抓到。

这女人抽了抽鼻子继续说："鲁柏是我的同乡，我每次做馅饼，总要给他尝尝，他死的时候，两手还紧紧握着没吃完的半块饼。警察也感到迷惑，一个腹部受了重伤都快要死的人，为什么要抓住那一小块饼呢？"

格洛阿问："有没有犯人的线索？"

看门的女人回答："请说得轻一点，犯人肯定住在这幢公寓里。出事前后，我都在值班室里，没见有人进这公寓。可是这公寓有60个房间，上百人……"

格洛阿发动"脑细胞"，帮助寻找杀害他朋友的凶手。默默地过了几分钟后，格洛阿问："三楼有几个房间？"看门的女人答："1号到15号"。

然后格洛阿让看门的女人带她去看，走到三楼的走廊尽头的时候，这位数学家问道："这房间住的是谁？"看门女人说："是个叫朱塞尔的人，是个浪荡子，爱赌钱，好喝酒，他昨天已经搬走了。"

"糟糕！这个家伙就是杀人犯！"格洛阿下了断语。后来朱塞尔落入了法网，这事确实是他干的。

大家来猜猜看，格洛阿是如何得出这样的结论的？其实他的思路是这样的：被害人手里紧握着的馅饼是一种暗示，馅饼英语叫"pie"，而谐音在希腊语就是"π"。大家知道它代表圆周率，即3.14，这块馅饼所暗示的就是凶手住在三楼14号房间。鲁柏先生也喜欢数学，这是他临死时极力想留下的有关凶手的线索。

第二，在逆向思维中感受"柳暗花明又一村"。

逆向思维几乎在所有领域都具有适用性，从本质上讲，它是客观世界的对立统一性和矛盾的互相转化规律在人类思维中的表现，当常态思维"山重水复疑无路"时，将思路反转，有时会意外地发现"柳暗花明又一村"。

1999年3月1日《新民晚报》赫然登出一则标题为"灵机一动，省下亿元——超大型船将倒航进出宝山港池"的消息。介绍了上海港一位高级领航员利用逆向思维提出了超大型船舶不用掉头而是倒进港的金点子。文章说，随着上海港集装箱运输的迅猛发展，进行集装箱装卸的主要港区张华浜码头和军工路码头能力已经饱和。而宝山港池却因掉头区和部分航道太"窄"的限制，重载超大型船舶卡在港池外面，面临"吃不饱"的窘境，集装箱吞吐量日益萎缩。为此，上海召开了多次专家会议，大都认为要想解决这一问题难度极高、花费巨大。当时以特邀身份参加会议的上海港引航站站长、高级引航员杨锡坤用逆向思维的方法大胆提出与众不同的新设想：用倒航的办法将超大型集装箱船引入宝山港池，这就一举解决了超大型船体掉头难的问题，这一方案不仅可以免去原扩建港口工程费用上亿元，而且能大大缩短船公司的运期。

上海集装箱码头有限公司闻此"金点子"欣喜万分，当即委托设计单位按倒航方案重新规划。1998年12月28日，在宝山港区超大型船舶进出港池可行性研究项目论证会上，专家组认为，倒航可行性研究立题具有创新精神，设想大胆新颖，具有在全国各港口推广的价值。

逆向思维是一种辩证思维，它不同于一般的形式逻辑思维，他要求人们跳出单向的线性推导路径，在逻辑推理的尽头突然折返，思路急转直下。作为一种特有的生存智慧，能产生出奇制胜的效果。

某次，欧洲男子篮球赛的半决赛在保加利亚和捷克斯洛伐克两队之间进行。

这场旗鼓相当的比赛异常激烈。离比赛结束时间还差8秒钟时，保加利亚队领先两分，而且还是保队底线开球。看来保加利亚队已是稳操胜券。可奇怪的是，保队的教练忧心忡忡，倒是捷克斯洛伐克的教练挺开心。为什么呢？原来，保加利亚其他场次小分不如捷克队，这场比赛净胜捷克斯洛伐克队5分才能出线。而要在8秒的时间内打进3分真是太难了。

这时，保加利亚队的教练果断地要了暂停，面授机宜后，比赛继续进行，只见两位保加利亚队员从底线开球后，开始将球带往中场，这时，5名捷克队员全都退回到自己的半场进行防守。突然，带球的保加利亚队员一个大转身，纵身一跳，将球投中自己的蓝筐。裁判的哨音也几乎同时吹响了。全场比赛结束，双方战平。根据比赛规则，必须加赛5分钟。

最后5分钟，保加利亚队士气高昂，全力相拼，终于不多不少地以5分的优势赢了这场比赛，拿走了决赛权。到这时人们才恍然大悟，不得不佩服保加利亚教练的高明。

保队教练在这关键时刻出的奇招，完全超出了捷克队、裁判以及现场观众的想象，甚至超出了比赛规则的正导向，它用相反的思路打破了人们正常的逻辑方向。经验被逆向思维所超越。

逆向思维的最大特点就在于改变常态的思维轨迹，用新的观点、新的角度、新的方式研究和处理问题，以求产生新的思想。

手岛佑郎是一个先后在以色列和美国钻研犹太商法达30余年的博士。一次，他做了题目为《穷，也要站在富人堆里?!》的演讲。演讲中，他一一列举了犹太商法的32种智慧。这时，一个迟到的听众递上一张纸条，问到底什么是犹太商法。

手岛佑郎毫不思索，大声说道：我在解释之前，先向你提3个问题吧。

第一个问题：如果有两个犹太人掉进了一个大烟囱，其中一个身上满是烟灰，而另一个却很干净，那么他们谁会去洗澡？

听众一笑："当然是那个身上脏的人！"

手岛佑郎也是一笑："错！那个被弄脏的人看到身上干净的人，认为自己一定也是干净的，而干净的人看到脏人，认为自己可能和他一样脏，所以是干净的人要去洗澡。"

第二个问题：他们后来又掉进了那个大烟囱，情况和上次一样，哪一个会去澡堂？

听众皱了皱眉："这还用说吗，是那个干净的人！"

手岛佑郎还是一笑："又错了！干净的人上一次洗澡时发现自己并不脏，而那个脏人则明白了干净的人为什么要去洗澡，所以这次脏人去了。"

第三个问题：他们再一次掉进大烟囱，去洗澡的是哪一个？

听众这次谨慎多了，支吾："这？是那个脏人。不，是那个干净的人！"手岛佑郎大笑："你还是错了！你见过两个人一起掉进同一个烟囱，结果一个干净、一个脏的事情吗？"

犹太人从商的英名如此享誉世界，不可不说其逆向的换位智慧已经臻至化境。逆向思维，交换的可能只是物理的位置，获得的却是不可逆的、宝贵的时间。

人与人在思维上的方位逆向，在生活中更能体现出达观机智的精神以及幽默的效果。

有一家人决定搬进城里，全家三口，是一对夫妻和一个5岁的孩子。他们跑了一整天，直到傍晚，才好不容易看到一张公寓出租的广告。于是，夫妻俩前去敲门询问，可房东遗憾地说："啊，实在对不起，我们公寓不招有孩子的住户。"

夫妻俩听了，一时不知如何是好。默默半晌，走开了。

那5岁的孩子，把事情的经过从头到尾看在眼里。忽然，他跑了回去，又去敲房东的门。门开了，房东又出来了。只见孩子精神抖擞地说："爷爷，这房子我租了。我没有孩子，只带着两个大人。"

房东听后，高声笑了起来，决定把房子租给他们住。

同一个意思同一群人，但是"两个带着孩子的大人"和"一个带着两个大人的孩子"这样简单的逆向表述，竟然在简单的语序换位中满足了不合理的要求。这个聪慧的孩子巧用逆向思维为自己带来了便利。

第三：思维偏移也是突破性发现的好方法。

思维偏移也称换轨思维，一个非常有启发的故事：

第二次世界大战后，美国建筑业大发展，导致泥瓦工人一时供不应求，工资涨到每天15美元。一个叫麦克的人看到许多"征泥瓦工"的广告，但他却不去应征，而是去报社登了一条"你也能成为泥瓦工"的广告，打算培训泥瓦工。他租了一间门面，请了师傅，教材是1500块砖和少量砾石。那些想每天挣15美元的工人蜂拥而至，使麦克很快获得了3000美元的纯利，相当于他自己去当泥瓦工200天的收入。他独特的思维方式使他迈进了管理者阶层。

当所有的思考都涌向某一方向时，最聪明的头脑会清醒地反思一下，看看还有没有别的思路。因为挣钱更需要的是独特的智慧而不是简单的随大流。

一个有趣的例子是：

村里号召村民一起开山，大家都把石块砸成石子运到路边，卖给建房的人；有一个小伙子却直接把石块运到码头，卖给杭州的花鸟商人，因为这儿的石头都是奇形怪状的。3年后，小伙子成了村上第一个盖起瓦房的人。

后来，上级规定不许开山，只许种树，于是这儿成了果园。村民们把堆积如山的梨子成筐地运往北京和上海，然后再发往韩国和日本。因为这儿的梨汁浓肉脆。曾卖过石头的那个小伙子卖掉果树，开始种柳。因为他发现，来这儿的商客不愁挑不到好梨子，只愁买不到盛梨子的筐。5年后，他成为第一个在城里买房子的人。

换轨思维是一种工具，但同时又是一种境界，具有普遍的文化价值。下面这道国外课堂上的例题具有一定的象征性，对于不同文化背景的人而言，结论可能不一样：

一个风雨交加的夜晚，某人驾车在乡村公路上驶过，这时，他看见有3个人正在路边焦急地等着搭便车：一个是患了重病的老太太，一个是救过自己命的医生，一个是自己心仪已久的漂亮女郎，而此车只能搭载一人，问，第一个应该搭载谁？

有趣的是，在国外学习的一些中国留学生对于这道题目，往往很难下结论。因为在他们面前，第一反应是文化性的，即在国内多年"先人后己"教育下的结论——"无私"，然后才是两难的伦理选择：先救病人还是先救医生？至于漂亮女郎，表面上只能放到最后选择，因为这符合我们的伦理秩序。

然而，有些国外学生竟然做出了这种巧妙的回答——把车钥匙交给医生，让他送老太太去医院，自己则陪漂亮女郎一起在风雨中前行。

思维阻滞现象常常是因为思考过于专注在某一特定焦点和既定的轨迹

上。要想获得突破性发现，最好的办法就是思维偏移，即从主流方向稍作偏移，以寻找新的出路。

孙膑是我国古代著名的军事家，他的《孙膑兵法》到处蕴含着变通的哲学。孙膑本人也是一个善于变通的人。

孙膑初到魏国时，魏王要考查一下他的本事，以确定他是否真的有才华。

一次，魏王召集众臣，当面考查孙膑的智谋。

魏王坐在宝座上，对孙膑说："你有什么办法让我从座位上下来吗？"

庞涓出谋说："可在大王座位下生起火来。"

魏王说："不行。"

孙膑说："大王坐在上面嘛，我是没有办法让大王下来的。不过，大王如果是在下面，我却有办法让大王坐上去。"

魏王听了，得意扬扬地说："那好，"说着就从座位上走了下来，"我倒要看看你有什么办法让我坐上去。"

周围的大臣一时没有反应过来，也都嘲笑孙膑不自量力，等着看他的洋相呢。这时候，孙膑却哈哈大笑起来，说："我虽然无法让大王坐上去，却已经让大王从座位上下来了。"

这时，大家才恍然大悟，对孙膑的才华连连称赞。

魏王也对孙膑刮目相看，孙膑很快就得到魏王的重用。

最后，任何时候，都不要小看你脑子中一闪而过的那些想法，哪怕看起来是荒诞不经的可笑的念头。因为那瞬间迸发出的思维火花没准可以帮助你理出全新的思路。

第二章

学会选择：找对方向再努力

❖

路就在脚下，努力之前应先选择一个正确的方向！如果选择了一个错误的方向，哪怕是历尽千辛万苦，也可能只会得到事倍功半甚至是失败的结果。

1. 方向不对，所有的努力都是白费

从小到大，我们接受的一直是"天才等于百分之九十九的汗水加百分之一的天分"这类强调勤奋与努力的教育，而实际上，选择比努力更重要。我们必须先选择一个正确的努力方向，再决定用什么技巧在这个方向上走得更快。比如说，你应该明白江河是要流入大海的，而漂在这条河流上的羽毛也会随之流入大海，你只需要找到这条河流并让自己成为那片羽毛就可以了！

一个年轻人，大学毕业后被分配到一家大型国有企业，可不巧的是这家企业刚刚进行了人员调整。于是，他就在领导的"鼓励"下，到基层锻炼。尽管他当时很不情愿，但仔细一想，这家大型国企还是很稳定的。他当时收入还算可以，虽然听说同学中有辞去公职的，也曾动过心，但想想也就算了。

最重要的是，他因为已习惯了那个工作和周围的环境，所以积极找别的工作就变得不十分重要了，于是一做近10年，也不想换工作了。可是，后来由于国企的经营不善，许多人相继下岗，他才不得不重新面对自己的人生选择。可是，此时的他又能有多少选择的机会呢？

世界成功学大师卡耐基说："成功不是做你喜欢做的事，而是做你应该做的事。"一个人的能力再大，水平再高，如果选择的平台不对，也将

无法发挥潜能达成自己的目标。所以，人在一生当中努力固然重要，但选择比努力更重要。选择不对努力全白费，甚至会走很多弯路，付出惨重代价。

很多人的成功或失败，并不取决于他知不知道做事的方法，虽然方法很重要，但真正决定成败的往往是他的选择。草率的选择会给你带来无穷后患，三思而后行则能让你的收获更多。

成功是一种选择，你选择了奋斗和坚持就是选择了成功；而不做这个选择便是选择失败，一旦选择了失败，即使你再努力也无济于事。

有一个非常勤奋的青年，很想在各个方面都比身边的人强。但经过多年的努力，他仍然没有长进，所以很苦恼，就向智者请教。智者叫来正在砍柴的3个弟子，嘱咐说："你们带这个年轻人到五里山，打一捆自己认为最满意的柴。"年轻人和3个弟子沿着门前的大江，直奔五里山。等到他们返回时，智者正在原地迎接他们。年轻人满头大汗、气喘吁吁地扛着两捆柴，蹒跚而来；两个弟子一前一后，前面的弟子用扁担左右各担四捆柴，后面的弟子轻松地跟着。正在这时，从江面驶来一个木筏，载着小弟子和八捆柴，停在智者的面前。年轻人和两个先到的弟子，你看看我，我看看你，沉默不语。唯独划木筏的小徒弟，与智者坦然相对。

智者见状，问："怎么啦，你们对自己的表现不满意？"

"大师，让我们再砍一次吧！"那个年轻人请求说，"我一开始就砍了6捆，扛到半路，就扛不动了，扔了两捆；又走了一会儿，还是压得喘不过气，又扔掉两捆；最后，我就把这两捆扛回来了。可是，大师，我已经很努力了。"

"我和他恰恰相反，"那个大弟子说，"刚开始，我俩各砍两捆，将4捆柴挂在扁担上，跟着这个年轻人走。我和师弟轮换担柴，不但不觉得累，反倒觉得轻松了很多。最后，又把年轻人丢弃的柴挑了回来。"

划木筏的小弟子接过话，说："我个子矮，力气小，别说两捆，就是一捆，这么远的路我也挑不回来，所以，我选择了走水路……"

智者用赞赏的目光看着弟子们，微微颔首，然后走到年轻人面前，拍着他的肩膀，语重心长地说："一个人要走自己的路，本身没有错，关键是怎样走，以及走的路是否正确。年轻人，你要永远记住：选择比努力更重要。"

人生不过是一连串选择的过程，从早上起来要穿哪一套衣服出门开始，我们就在选择；中午要去哪里吃饭，我们又在选择。女子有众多的追求者，在考虑结婚的时候，到底哪一位男士比较适合自己，这需要选择；男士找对象时也需要从女子中选择。选择有大有小，正是每日、每月所有的选择的累积影响了我们人生的结果。

一个选择对了，又一个选择对了，不断地作出对的选择，到最后便产生了成功的结果；一个选择错了，又一个选择错了，不断地作出错的选择，到最后便产生了失败的结果。

有的人希望自己工作得更顺利、更快乐，但他总是在做自己不喜欢的工作，即使再努力也很难取得大的成就，这是他的错误选择，因为他明明可以换工作；有的人希望自己身体更健康、更强壮，但他总是说他没有时间运动，导致身体虚弱，这是他的错误选择，因此他即使大包保健药品不离手也仍是无法收获健康；有的人希望自己家庭更幸福、小孩更听话，但他总是跟太太吵架，导致小孩学业跟不上，这是他的错误选择，因为他明明可以控制情绪，花时间教育小孩；有的人希望自己人际关系更好，但他总是说他朋友少，这也是他的选择，因为他可以让自己多交一些朋友，但他不去交；有的人希望自己赚更多的钱，但他总是抱怨收入不够多，他明明可以更努力地去赚更多的钱，但他却不努力，这是他的错误选择。

你是否曾埋怨过别人？但事实上你可能错怪了别人，是你的决定使你面临今天的结果——也许你自己做决定，也许你决定由别人为你做决定。

有些人做正确的选择与决定，有些人做错误的选择与决定，但大多数人都不知道他们有权选择，或是轻易将选择权拱手让人，而且大部分的人也不喜欢别人为他们做的决定。千万不要成为这样的人。

若想有一个成功的人生，我们必须降低出现错误选择的概率，减少做错误选择的风险。这就必须预先明确你人生中想要的结果是什么，并且为这个结果做出自己的选择。明确你人生想要的结果是什么，这本身就是一个选择。

2. 先有大目标，才有前进的方向

心理学家曾经做过这样一个实验：

心理学家组织了3组人，让他们分别向着10公里以外的3个村子进发。

第一组的人既不知道村庄的名字，又不知道路程有多远，只告诉他们跟着向导走就行了。刚走出两三公里，就开始有人叫苦，走到一半的时候，有的人沉不住气了。他们抱怨为什么要走这么远，何时才能走到头。有人甚至坐在路边不愿走了。越往后走，他们的情绪越低落。

第二组的人知道村庄的名字和路程有多远，但路边没有里程碑，只能凭经验来估计行程的时间和距离。走到一半的时候，大多数人想知道已经走了多远，比较有经验的人说："大概走了一半的路程。"于是，大家又簇拥着继续向前走。当走到全程的四分之三的时候，大家情绪开始低落，觉得疲惫不堪，而路程似乎还有很长。当有人说："快到了！快到了!"大家又振作起来，加快了行进的步伐。

第三组的人不仅知道村子的名字、路程，而且公路旁每一公里就有一块里程碑。人们边走边看里程碑，每缩短一公里大家便有一小阵的快乐。行进中他们用歌声和笑声来消除疲劳，情绪一直很高涨，所以很快就到达了目的地。

心理学家得出了这样的结论：当人们的行动有了明确目标，并能把自己的行动与目标不断地加以对照，进而清楚地知道自己的行进速度和与目标之间的距离时，人们行动的动机就会得到维持和加强，自觉地克服一切困难，努力达到目标。

这使人联想到罗斯福总统夫人与萨尔洛夫将军的一次对话。

罗斯福总统的夫人在本宁顿学院念书的时候，打算在电讯业找一份工作，以补助生活。她的父亲为她引见了自己的一个好朋友——当时担任美国无线电公司董事长的萨尔洛夫将军。

将军热情地接待了她，并认真地问："想做哪一份工作？"

她回答说："随便吧。"

将军神情严肃地对她说："没有任何一类工作叫'随便'。"

片刻之后，将军目光逼人，以长辈的口吻提醒她说："成功的道路是目标铺出来的。"

如果人生没有目标，就好比在黑暗中远行。人生要有目标，不管是一辈子的目标、一个时期的目标、一个阶段的目标，还是一个年度的目标、一个月份的目标、一个星期的目标、一天的目标……一个人追求的目标越崇高越直接，他进步得就越快，对社会也就越有益。有了崇高的目标，只要矢志不渝地努力，就会有所成就。

胸怀大目标的人，既不会因为眼前小小的"成功"而陶醉，也不会被暂时的挫折吓倒。他们心中十分清楚，在实现目标的过程中，肯定会遇到一些艰难险阻。假如轻而易举就能排除，只会表明自己的目标定得太低。所有的困难一开始就被排除得一干二净，会使人们丧失尝试有意义的事情的兴趣。只要脚踏实地地处理前进道路上的障碍，终有一天，你会到达目的地。

没有大目标的人很可能满足于眼前的利益。然而，他的眼睛仅仅是局限于伸手可及的小目标，这样只会使自己顾及眼前利益，鼠目寸光。只追求小目标的人必然会面对这样的悲剧：自己的所作所为只是在空耗自己的青春。

传说，大唐贞观年间，在长安城西的一家磨坊里有一匹马和一头驴子。它们是好朋友，经常在一起谈心。马负责为主人拉车运货，驴子的工作是在屋里推磨。贞观四年，这匹马被玄奘大师选中，接受了一项艰巨的任务，与大师一起动身去天竺国大雷音寺取真经。

13年后，这匹马跟着大师经历了千辛万苦，驮着佛经回到长安。大师受到重赏，而马也被人们精心打扮一番与大师形影不离，跟随大师去全国各地讲经。不久，朋友见面，老马跟驴子谈起了旅途的经历：浩瀚无边的沙漠、高入云霄的峻岭、火焰山的热浪、流沙河的黑水……驴子听了神话般的故事，大为惊异。

驴子惊叹说："马大哥，你的知识多么丰富呀！那么遥远的路程，那种神奇的景色，我连想都不敢想。"

马思索了一下，感叹道："老弟，其实这几年来我们走过的路程是差不多的。"

驴子不理解："哪里？我的确一点儿见识都没有长啊！"

马说："你想，我在往西域走的时候，你不是一天也没有停止拉磨吗？不同的是，我同玄奘大师有一个遥远而明确的目标，始终按照一贯的方向前进，所以我们开了眼界；而你却被人蒙住了眼睛，一直围着磨盘打转转，所以总也无法走出这个狭隘的天地。"

这个故事告诉人们，没有大目标的人，无论在生活中，还是在事业上，都容易随波逐流。世界上最贫穷的人并不是身无分文的人，而是没有大目标的人。想别人之不敢想，做别人之不敢做。只有胸怀天下，目标远大才会有巨大的成功。每个人来到世上，都希望快乐地生活，实现自己的理想。如果你追求的是大目标，你就不会满足于现状，而是会奋斗不息、追求不止。

在工作中，有的人喜爱随意，"到时再说吧"，他们从来没有一个长远的计划和明确的目标，这个弱点使他们永远被拒绝在成功的门外。一个人只有先有目标，才有前进的方向，才有成就大事的希望。

3. 扬长避短，选择最擅长的职业

经营自己的长处能给你的人生增值，经营自己的短处会使你的人生贬值，"宝贝放错了地方便是废物"就是这个意思。去做自己能够胜任的、最能实现自己价值的工作吧。

每个人都是一块未经雕琢的宝石，上天派遣我们到人间来雕琢自己，让自己更闪亮。

兔子是长跑冠军，可是有一次被狼追至河边，因不会游泳差点丧命。动物管理学院为了学生全面发展，将兔子送到了游泳培训班，同班的还有松鼠、青蛙等。兔子很努力地学习游泳，可是很长时间过去了，它还是没有学会，看着青蛙它们都学得很好，兔子非常苦恼。于是它找到了野鸭老师。老师笑着说："你的特长是奔跑，为什么不发挥你的特长，努力做出一番事业来呢？"老师的话给了兔子很大启发，它回去更加努力地练习奔跑，成了最出色的跑步健将，狼再也追不上它了。

扬长避短，这是人生的大智慧。鹰击长空，鱼翔浅底，万类霜天竞自由。万物都在发扬自己的特长来适应自然，人们都在发挥特长适应优胜劣汰的社会。若一味追求全面发展，那无异于邯郸学步，到最后无一精通，最终丢掉的还是自己的本性，这是缘木求鱼，徒劳无功的。

很多人往往对自己充满信心，相信自己可以做好一切事情，因此就忽略了自己的缺点。而事实上，没有人是万能的，总会有你能力不及的地方。尺有所短，寸有所长。每个人都有自己的优点和缺点，我们所应该做的，就是扬长而避短。

凡成就大事业的人，并不一定比常人更聪明，他们的秘诀在于能够清楚地认识自己的长处，进而在日常行事中充分利用自己有限的智慧。

实际上，绝大多数人往往没有将自己的才干用在自己最擅长的工作上，而是错用在了其他地方。这就是他们本可以成绩斐然，实际却一事无成的原因所在。

每年7月都要有一大批毕业生跨出校门，踏入自己理想中的职业舞台。初入社会的他们，都非常自信，无论在哪方面都不希望自己比别人差，往往表现出一种全知全能的状态，丝毫不肯暴露自己的弱点。但理想与现实有很大差距，盲目的自信很容易使自己迷失，不知道自己的弱点所在，也不知道自己真正的优点在哪里。由于无法认清自己、正确评价自己，对自己人生的规划往往会偏离最有利于取得成功的方向，从而阻碍了自己的成功。所以，认清自己真正的才能和优势，对于成功而言是非常重要的。

有这样一位求职者，计算机专业毕业，在校成绩中上等，毕业后本已找到了一份与其专业相匹配、收入也不错的工作。但由于看见比自己学历低的朋友在做房产销售工作，生意红火，收入不菲，他眼红了。他认为自己也行，肯定会比朋友做得更好，冲动之下，放弃了到手的工作，转向了销售岗位，但不久由于性格内向，加上行业的不景气，他被公司辞退，至今失业在家。

当今时代，社会更新变化速度极快，就业市场更是随时都在变化。过去的种种迹象显示随着社会的发展，每年都有一些旧的行业在消失，新的行业在产生。最近几年，由于产业调整和社会转型等因素影响，就业市场冒出了一些新兴的行业，如投资理财顾问、色彩搭配师、公共关系顾问等等，也吸引了大量的就业人口。但是，不管新兴职业如何热门，我们在选择职业时还是要把握"做自己最擅长的事"的原则，撇开了自己最擅长的工作，无异于抛弃了自己最重要的竞争优势，将精力投入到自己不擅长的工作上，用自己的短处与别人的长处去竞争，明显是以卵击石，最终的结果肯定是失败。

成功的诀窍就是经营自己的长处。在人生的坐标里，一个人如果站错了位置，用他的短处而不是长处来谋生的话，那是非常可怕的，他可能会在永久的卑微和失意中沉沦。

因此，对一技之长保持兴趣相当重要，即使它不怎么高雅入流，也可能是你改变命运的一大财富。在选择职业时同样也是这个道理，你无须考虑这个职业能给你带来多少钱，能不能使你成名，你应该选择最能使你全力以赴的职业，应该选择最能使你的长处得到充分发挥的职业。

4. 冷静下来，才能做出正确选择

在平日，我们看到有人遇到烦心事时，常会说：对不起，我要一个人待一会儿。这样的人是聪明的，他会通过独处静思，使自己冷静下来，以一种新的平静的心态来重新看待所发生的一切。

我们也应该学会这一方法，再进一步，可以把它变成一种习惯。每天，最好是在晚上，或是清晨，抽出那么十几分钟、半个小时，找一个无人打搅的地方，静静地沉思冥想，或者干脆什么也不想，闭上双眼，深呼吸——吸气，吐气，再吸气，再吐气。当有杂念干扰我们的思想时，要轻轻地赶走它们，把注意力继续放在自己的呼吸上，一遍一遍重复做。这时候，我们心中的浮躁、焦虑、忧愁，就会慢慢地离去。

曾有这样一个故事：一天，一个人正在大街上行走，突然有人喊了一声："喂！你脚下好大一个金戒指！"这人低头一看，确实是一个金戒指，看起来大约值1000元。他捡了起来，喊话的人也走了过来，说："这戒指是我发现的，应该有我一份。"这人一想有道理，但一个戒指怎么分呢？

这时，喊话的人出了个主意，这样吧，我给你200元钱，你把戒指给我？"这人一想，明明值1000元的戒指，一人一半应是500元，你想多分300元，天下哪有这样的好事？于是反问道："不行，这样做你愿意吗？"

喊话的人听了，犹豫了一会儿，说："好吧！也没别的办法了，你给我加200元钱，戒指就是你的了？"

这人一阵窃喜，照办了。回家后冷静一想，才发现事情有些蹊跷。请人一鉴定，戒指是假的，一文不值。为什么这人会上当受骗呢？因为他当时没有冷静地去想问题。

为什么他不能冷静呢？因为他心里不空，他一看见金戒指后，内心的欲望就燃烧起来了：他想要得到这个戒指。他心中有了这样的想法，就不冷静了，对事情的来龙去脉也就不去思考了，于是，他就上当受骗了。

几乎所有的骗子和骗术都是在利用人们不能冷静的心态。因为，只有这时，人们才不会去审时度势，才不去探究事实的真相，他们的骗术才能成功。

天竺高僧菩提达摩，在中国南朝梁代时，漂洋过海来到中国传授禅学。他来到中岳嵩山少林寺，寺中老僧对他并不热情，达摩便在寺后山上找到一个天然石洞。在蒲团上坐定，开始面壁修习禅定。这一修炼就是九年。因面壁时间久长，达摩的身形竟映入石中，留下了"面壁石"的奇观。

起初少林僧众对达摩面壁，都抱着看热闹的态度，洞口终日人声喧哗，但达摩我行我素，并不受影响。9年过去，少林僧众都成了达摩的信徒，达摩由此成为中国禅宗初祖。

达摩面壁，是要使自己抵御住外界的诱惑，保持内心的纯净，心如墙壁一般坚定，从物欲的困扰中解脱出来。静坐修炼后来也成为禅宗的一项重要修身方法。

日本卡通片中的一休小和尚，每次遇到难题，都要独自坐在树下，以手指按头，静坐一会儿，经过这样的思索，他就能找到问题的答案。

很多科学家也有独自沉思的习惯，伟大的发现和发明往往在其间诞生。据说万有引力定律的发现，就是牛顿独自一人在苹果树下沉思时，一个偶然掉下的苹果，触发了他的灵感。

由此可见，一个人的心态只有达到了空与静的状态，才能"不以物喜，不以己悲。"到那时不会因一时失意就大为沮丧，也不会因一时成功就得意忘形。拥有了这样的心态，无疑也就拥有了一切。然而，能够做到的人却寥寥无几。

在现实生活中，我们会发现一些人之所以不能够成功，并不是由于其智商不高，而恰恰是因为他们的内心不能够达到"空"与"静"的状态，从而阻碍了他们做出正确的选择。

如果一个人心浮气躁，他就看不清事物的本来面目，就会主观行事，一错再错；如果一个人心平气和，他就能认清事物的本来面目，就能够万事得理，一顺百顺。

所以，凡事只有保持冷静，才能做出理性而明智的选择。

5. 你有权选择成功，也有权选择平庸

一个人的手中既握着失败的种子，又握着打开成功大门的钥匙。你有权选择成功，也有权选择平庸，没有任何人或任何事能强迫你，关键在于你的"选择"。

有人说："我们老得太快，却聪明得太迟。"人生漫长而又短暂，能够决定一个人一生命运的，其实只是那么几步而已。当我们不会选择的时候却面临选择、有多种选择，而当我们有能力选择的时候，其实你已经没有多少可以选择的机会了。

回首往事，人总是免不了有许多懊悔，发出"如果有来生，我……"的感叹。这个时候，你抱怨的其实并不是命运，而是你当初的选择。假如你当初是另一种选择，也许你还会对现状不满、感觉不尽如人意，但是，至少是另一种人生吧？人生是一张单程车票，可以回头的机会寥寥无几，在你匆匆的步履中，一些不起眼、不经意的选择就决定了你今天的命运。人的一生，选择很重要。你是要选择好的生活还是不好的生活，全凭你的那一刹那决定。而这个决定，可大可小。切记，慎之再慎！

有一个美国人，平常很爱喝酒，毒瘾也很重，脾气也非常暴躁，他只是因为看一个酒吧的服务生不顺眼就把人给杀了，然后被判终身监禁。同时，这个美国人有两个儿子，年龄相差只有1岁，老大跟他的老爸一样，毒瘾也很重，靠抢劫和偷窃为生，最后判终身监禁。老二就不一样了，家

庭非常幸福美满，有漂亮的妻子和三四个孩子，是一家跨国公司分公司的老总。同一个老爸，两个不同的儿子，记者觉得很奇怪，去采访的时候问："为什么会这样？"答案很奇怪，很令人惊讶，因为两个人的回答几乎完全一样："有这样的爸爸，我还有什么办法？"

选择生存是每一种生物体所具有的本能，连埋在地里的种子也存这样的力量。正是这种力量激发它破土而出，推动它向上生长，并向世界展示自己的美丽与芬芳。这种激励也存在于人们的体内，它推动一个人来完善自我，以追求完美的人生。一旦你有幸接受这种伟大推动力的引导和驱使，你的人生就会成长、开花、结果。反之，如果你无视这种力量的存在，或者只是偶尔接受这种力量的引导，就只能使自己变得微不足道，不会取得任何成就。这种内在的推动力从不允许人们停息，它总是激励着一个人为了更加美好的明天而努力。

在众多的人生选择面前，当你无能为力时就不要去浪费时间，而要将更多的精力放在你可以改变的事情上。让青春学会选择，让选择打造成功，让成功引领人生！这样看来，选择真的很重要！

在大学里，期中考试后的一天，班里的一个同学因为各门功课都考得一塌糊涂，所以忧心忡忡，在哲学课上无精打采。他的异常引起了哲学教授的注意，教授拿起一张纸扔到地上，请他回答：这张纸有几种命运？

那位同学一时愣住，好一会儿，他才回答："扔到地上就变成了一张废纸，这就是它的命运。"教授显然并不满意他的回答。教授又当着大家的面在那张纸上踩了几脚，接着，教授又捡起那张纸，把它撕成两半扔在地上，然后，心平气和地请那位同学再一次回答同样的问题。那位同学也被弄糊涂了，他红着脸回答："这下纯粹变成了一张废纸。"

教授不动声色地捡起撕成两半的纸，很快，就在上面画了一匹奔腾的骏马，而刚才踩下的脚印恰到好处地变成了骏马蹄下的原野。最后教授举起画问那位同学："现在，请你回答这张纸的命运是什么？"那位同学的脸色明朗起来，干脆利落地回答："您给一张废纸赋予希望，使它有了价值。"教授脸上露出一丝笑容。很快，他又掏出打火机，点燃了那张画，一眨眼的工夫，这张纸变成了灰烬。

最后教授说："大家都看见了吧，起初并不起眼的一张纸片，我们以消极的态度去看待它，就会使它变得一文不值。我们再使纸片遭受更多的厄运，它的价值就会更小。如果我们放弃希望使它彻底毁灭，很显然，它就根本不可能有什么美感和价值了，但如果我们以积极的心态对待它，给它一些希望和力量，纸片就会起死回生。一张纸片是这样，一个人也是这样啊。"

一张纸片可以变成废纸扔在地上，被我们踩来踩去，也可以作画写字，更可以折成纸飞机，飞得很高很高，让我们仰望。一张纸片尚且有多种命运，更何况人类呢？命运如同掌纹，弯弯曲曲，然而无论它怎样变化，永远都掌握在自己的手中。

每个人的前途与命运，都把握在自己的手中。升学也罢，就业也好，工作或创业都是如此。一个人只要奋发努力、方法得当，就会取得成功。一位伟大的哲人说："人生就是一连串的抉择，每个人的前途与命运，完全把握在自己手中，只要努力，终会有成就。"

6. 放弃也是另一种正确的选择

生活对于每一个人都是公平的，如果我们放弃了一样事物，它就一定会给我们另一种幸福。就像我们舍不得放弃阳光的明媚，就不会看见晚霞的美丽；舍不得放弃春天的鸟语花香，就不会拥有秋天的硕果累累；舍不得放弃夏天的绚烂多姿，就不会拥有冬天的雪花飞舞；舍不得放弃童年的无忧无虑，就不会拥有长大成人后的辉煌成就。

因此，那些什么都不愿放弃的人，是对生命的最大放弃。在漫漫人生道路上，如果一个人将一生的所得全部背负在身上，他最终会因负重而死。

要知道昨天的成就，不能代表今天，更不能代表未来。勇敢地放弃自己的过去，放弃那些阻挡自己前进的东西，我们才能快乐潇洒地选择另一种生活，从而培养自己对生活的坚定信念。所以，放弃意味着争取。放弃一些我们无意或者是无法得到的，才能够更专注更有力地追求我们想要得到的。学会放弃，人生才显得更加积极主动。

其实，放弃不是颓废，不是厌世，而是一门带有哲理的学问。人生在世，忙忙碌碌，疲于奔波，常常被强烈的欲望所驱赶，不敢停步，不敢懈怠。背上包裹越来越多，越来越沉，却什么都不愿放弃，因此，当收获越来越多的时候，身心也就越来越疲惫。

学会放弃，是因为心灵的天空不能塞得太满，就像云朵太多就成了乌云密布，几朵白云飘曳才显出天空的美丽。

心理学家曾对两个老鼠做过一个实验。研究人员用手紧紧抓住第一个老鼠，无论它怎么反抗挣扎，都没有办法逃脱。这样任老鼠挣扎了一段时间以后，它们终于放弃了存活的希望，一动也不动地躺着，这时候研究人员再把它放到一个温水槽里，老鼠立即就沉了下去，它没有游泳自救。而第二个老鼠并没有被紧紧地抓过，所以被放到水槽里之后，马上就从水里游了出来。

两个老鼠的实验说明，如果放弃了希望，放弃了改变现实的勇气，那生活就是暗淡的，我们也就失去了生存的条件。

许多时候，胜利者和失败者相差的只有一点，那就是这种坚持的精神，就是这种敢于放弃打击后的失落心情的决心。他们从来都不轻信别人的流言，从来都以自己的态度为基点，因为只有自己的勇气和辛劳，才能帮助自己解决一切横在面前的难题。

除了不能放弃前进的希望外，还不能放弃自己的尊严，不能放弃做人的本性。也就是说必须放弃懦弱和苟且偷生，正如文天祥一样，放弃了荣华富贵，却达到了"留取丹心照汗青"的崇高境界；正如闻一多放弃了权势利诱，却成了民族的英雄。正确地选择放弃，才会有一种自豪。

所以，学会放弃，是放弃那种不切实际的幻想和难以实现的目标，而不是放弃为之奋斗的过程和努力；是放弃那种毫无意义的拼争和没有价值的取索，而不是丧失奋斗的动力和生命的活力；是放弃那种为了金钱地位的搏杀和奢侈生活的创造，而不是失去对美好生活的向往和追求。

放弃，是一种境界，是自我发展的必由之路。昨天的辉煌不能代表今天，更不能代表明天，过去的成就只能让它过去，只能毫不痛惜地放弃。只有学会放弃，才能卸下身上的负担，轻松上阵，才能激发出新的力量，才会有新的收获。如果在奋斗的路上，遇到了烦恼，应该先暂时将烦恼放置一边，去做自己喜欢的事，等到心情平和后再重新面对，这是从痛苦中的解脱，也是对愉快生活的接受。

第三章

敢于冒险：当机立断抓住机遇

◆◇◆

很多的机会好像蒙尘的珍珠，让人无法一眼看清它华丽珍贵的本质。要学会为机会拭去障眼的灰尘，而不是为自己找借口。

一个没有目标、没有勇气的胆小鬼即使与机会相遇，也根本不敢迈出成功的第一步，只觉得成功不会属于自己。

1. 优柔寡断是人生最大的难题

有些人不是没有成功的机遇，只因不善抓机遇，所以最终错失机遇。他们做人好像永远不能自主，一定要有人扶持不可。即使是遇到一点小事，也得东奔西走地去和亲友商量，同时脑子里更是胡思乱想，弄得自己一刻不宁。于是越商量越拿不定主意，越东猜西想越是糊涂，就越弄得毫无结果。

一个成功者，应该具有当机立断、把握机遇的能力。他们只要自己把事情审查清楚，计划周密，就应立刻勇敢果断地行事。因此，任何事情只要一到他们手里，往往就能够顺利完成，大获成功。

在行动前，很多人都会提心吊胆，犹豫不决。在这种情况下，首先要问自己："我害怕什么？为什么我总是这样犹豫不决，抓不住机会？"在成功之路上奔跑的人，如果能在机遇来临之前就能识别它们，在它们消逝之前就果断采取行动占有它们，幸运之神就会来到他的面前。

应当机立断，抓住机遇，以免其转瞬即逝或日久生变。总之，把握住机遇，眼力和勇气都是不可缺少的。

机遇是一位神奇的、充满灵性的但性格怪僻的天使，它对每一个人都是公平的，但决不会无缘无故地降临。只有经过反复尝试，多方出击，才能寻觅得到。

有一个人一天晚上碰到一个神仙，这个神仙告诉他说，有大事要发生在他身上了。他会有机会得到很大一笔财富，在社会上获得卓越的地位，并能娶到一个漂亮的妻子。

这个人终其一生都在等待这个奇异的承诺，可是什么事也没发生。这个人穷困地度过了他的一生，最后孤独地老死了。死后，他的灵魂又看见了那个神仙，便对神仙说："你说过要给我财富、很高的社会地位和漂亮的妻子，我等了一辈子，却什么也没得到。"

神仙回答他："我没说过那种话。我只承诺过要给你机会得到财富、一个受人尊重的社会地位和一个漂亮的妻子，可是你却让这些从你身边溜走了。"

这个人迷惑了，他说："我不明白你的意思。"神仙回答道："你记得你曾经有一次想到一个好点子，可是你没有行动，因为你怕失败而不敢去尝试。"这个人点点头。

神仙继续说："因为你没有去行动，这个点子几年以后给了另外一个人，那个人一点也不害怕地去做了。你可能记得那个人，他就是后来变得在全国最有钱的那个人。还有，你应该还记得，有一次发生了大地震，城里大半的房子都毁了，好几千人被困在倒塌的房子里，你有机会去帮忙拯救那些存活的人，可是你怕小偷会趁你不在家的时候，到你家里去打劫、偷东西。你以这作为借口，故意忽视那些需要你帮助的人，而只是守着自己的房子。"这个人不好意思地点点头。

神仙说："那是你去拯救几百个人的好机会，而那个机会可以使你在城里得到多大的尊崇和荣耀啊！"

"还有，"神仙继续说，"你记不记得有一个头发乌黑的漂亮女子，你曾经非常强烈地被她吸引，你从来不曾这么喜欢过一个女人，之后也没有再碰到过像她这么好的女人。可是你想她不可能会喜欢你，更不可能会答应跟你结婚，你因为害怕被拒绝，就让她从你身旁溜走了。"这个人又点点头，可是这次他流下了眼泪。

神仙说："我的朋友啊，就是她！她本来该是你的妻子，你们会有好几个漂亮的小孩，而且跟她在一起，你的人生将会有许许多多的快乐。"

在通往成功的道路上，机会随时可能轻轻地从你门前经过，不要等待机会去敲开你的门，因为门闩在你自己这一面。机会也不会跑过来说"你好"，它只是告诉你"站起来，向前走"。知难而退，优柔寡断，缺乏一往无前的勇气，这便是人生最大的难题。

要善于发现机会。没有判断力的人，往往使一件事情无法开场，即使开了场，也无法进行。他们的一生，大半都消耗在没有主见的怀疑之中。即使给这种人成功的机遇，他们也难以成功。

2. 别想太多，敲门就进去

在创业的路上，面对最直接的利害得失，我们必须敢于做出自己的选择，表达自己的态度，并且承受因我们的选择而带来的后果。

真正的勇气就是不管别人怎么说都秉持自己的信念。只要确定你是对的，就坚持你的信念，无怨无悔。

日本三洋电机的创始人井植岁男讲过这样一个真实的故事：一天，他家的园艺师傅对他说："社长先生，我看您的事业越做越大，而我却像树上的蝉，一生都坐在树干上，太没出息了，您教我一点创业的秘诀吧。"井植点点头说："行！我看你比较适合园艺工作。这样吧，在我工厂旁有两万坪空地，我们合作来种树苗吧。""树苗1棵多少钱能买到呢？""40元。"井植又说，"100万元的树苗成本与肥料费用由我支付，以后3年，你负责除草施肥工作。3年后，我们就可以收入600多万元的利润，到时候我们每人一半。"听到这里，园艺师却拒绝说："哇，我可不敢做那么大的生意！"最后，他还是在井植家中栽种树苗，按月拿工资，白白失去了致富良机。

事实上，我们总是处于这样那样的冒险境地，因为我们别无选择。我们必须横穿马路才能走到另一边去；我们也必须依靠汽车、飞机或轮船之类的交通工具，才能从一个地方到达另一个地方。

每个人在每一天都面临冒险，除非我们永远扎根在一个点上原地不动。的确，当冒险的结果不太令人满意的时候，总有人会说："还是躺在床上保险。"很多穷人从来不愿去冒险，似乎习惯于"躺在床上"过一辈子。

"千万要小心谨慎从事"，许多人都是在这样一种敦促、提醒、告诫的语言环境中一点点长大成熟的。正因为周围环境时时刻刻存在着这样的善意提醒，使得一般人很难挣脱原有束缚去冒一把险。

许多人从不考虑当一个为自己打工的业主，因为那"太冒风险了"。接受大公司的职位是他们所有人的选择，似乎其中不存在某天被解雇的风险。许多人一心只想着"干活——拿工资——花钱"，要公司"关心"他们的生活。这就是理想的低风险的工作。但是，他们错误地估计了这门职业，有朝一日，大多数人还是会从他们的职位上离开。

工作和生活永远是变化无穷的，我们每天都可能面临改变，新的产品和新的服务不断上市，新科技不断被引进、新的任务被交付，新的同事、新的老板……这些改变，也许微小，也许剧烈，但每一次的改变，都需要我们调整心情，重新适应。

面对改变，意味着对某些旧习惯和老状态提出挑战，如果你紧守着过去的行为和思考模式，并且相信"我就是这个样子"，那么，尝试新事物就会威胁到你的安全感。我们既然有变得富有的欲望，却不敢冒险，怎么能够实现伟大的目标？冒险与收获常常是结伴而行的。风险和利润的大小是成正比的，巨大的风险能带来巨大的效益。险中有夷，危中有利。要想有卓越的成果，就要敢冒风险。

一个女孩经历了诸多的挫折，始终没有找到一个成功的入口。迷茫的她，给自己放了个假，带着灰色的心情去美国旅游。

一天，她在旧金山市政厅参观的时候，难得兴致高涨，信步漫游。不知不觉来到市长办公室的门口，她不假思索地敲了门，不料一个壮实威严的保镖走了出来，惊问道："小姐，我能帮你什么吗？"她愣住了，一时不知该怎么回答，顿了几秒钟，心想：既然敲了门，那就进去看看吧。于是，她精神十足地对保镖说："我能进去看看市长吗？"

保镖上下仔细打量了她一番，说道："你得稍等片刻。"说罢，他用监视器和市长通话，确定见面的时间和地点。不一会儿，那个胖嘟嘟的市长，大腹便便地走了出来，很高兴地和她一起聊天、拍照，就像一对早已认识的忘年交。

有时候成功源自"敲门就进去"的冒险，如果你根本没有仔细想过去冒险，那你就只能待在原地，安于现状，既不能后退，也不前进。你的日子很可能过得呆板、懒散。

划时代的探险行为不是时时发生的，也不是每一个探险家都有碰到的机会。冒险精神不是探险行动，但探险家的行动必须拥有足够的冒险精神。没有这一点，成功就与你无缘。

我们都知道，冲浪是一个挑战极限的活动。冲浪者在学习驾驭浪头时，很清楚地意识到自己在对抗一股无法掌握的庞大力量。世界上永远不可能有两个相同的浪，海浪总是变化多端、捉摸不定。但是，冲浪者却把这些视为考验身心的大好机会，他们甚至会主动寻找大浪，浪越大，乐趣越多，即使可能会被浪击倒，喝几口咸涩的海水，也无所谓。他们坚信，不去经历就无法突破。

冲浪者把对大海的恐惧当成兴奋剂，反过来利用这股力量去完成目标。这就如同医学报告指出，人体在危险的情况下，会进入一种"高度警戒"的状态，帮助自己立刻有效地应付变局。换句话说，挑战极限是人类天生的本能。

无可否认，所有的冒险都会令人感到兴奋，同时也会产生焦虑。不过，话又说回来，在生命的过程中，冒险既然是不可避免的事，何不干脆让自己放手奋力一搏？

当然，谁也不想失败。所以要确知哪些风险可以试试，哪些风险不能贸然行动。先了解事实是远远不够的，你必须了解你自己。你一定要有个清楚的概念：你是通过害怕和野心这两个放大镜来观察和评估风险的，而这两块镜片下反映出来的东西，并不是永远不走样的。在决定下注的时间地点之前，一定要认真考虑，包括你在人生奋斗中所处的确切位置，以及那个位置对你所产生的影响。也就是说，你必须考虑，若以现在的条件，假设失败了，是否还有后路可退，你有多少筹码等等。

但是赌注是一定要下的，即使你知道有可能输。而且一旦筹码落地，你就不能再想着输了，要想着赢。即使你的赌注全输了，你也不用过于灰心丧气，因为失败是每个人都必须经历的事情，是非常正常的。冒险必定要付出一定的代价，在决策时就应该把这种代价考虑进去。总之，既要敢于冒险，又要尽量减少风险成本，这才是成功之道。

人生需要尝试，特别是在创业时期。一般说来，创业之初并不知道最后的结果如何，那么，在这个时期，就需要尝试、尝试、再尝试，试验、试验、再试验，挑战、挑战、再挑战。

如果我们能够尝试着向前走，不被艰难和黑暗吓倒，我们就会发现，前路其实并没有那么可怕。

世上没有一步登天的事，必须在尝试中不断地学习，在尝试中经历错误，再加以修正。对于那些成功者而言，他们不可能按部就班、轻而易举地就获取胜利的果实，而是得在尝试中逐步逼近预设的目标。显然，没有尝试，任何人都是无法成功的。

3. 拖延是对生命的挥霍

拖延是一种习惯，行动也是一种习惯，但不好的习惯要用好的习惯来代替。当你开始拖延的时候，一定是你的优先顺序没有排对。

"现在"是成功的象征词。"明天""下星期""以后""某些时候""某天"是失败的象征词。许多很好的想法常常因为"我将来某一天开始"而成为泡影。我们应该"现在就开始，就在现在"。

一位大学生准备晚上7点开始学习。但因晚饭吃多了，所以决定看一会儿电视。结果看了1小时，因为电视节目很精彩。晚上8点，他坐在桌前正准备看书，突然又想起来要给朋友打一个电话，一聊又是40分钟。接着他又被朋友拉去玩了1小时的乒乓球。结果，他满头大汗，又去洗了个澡。

洗完澡，又觉得饿了，于是开始吃东西。本来计划挺好的一个晚上就这样过去了。到了凌晨1点钟，他打开了书，但又太累了，集中不了精神再看。最终，他还是去睡了。

他一直没有能够坐下来看书，因为他花的准备时间太长了。这种"过分做准备工作的人"不计其数。一些推销员、经理、家庭主妇——他们在开始工作之前总是先聊天、削铅笔、读读报、擦擦桌子、泡杯茶，然后才开始工作。

有一种方法可改掉这种习惯，即告诉自己："我此时此刻已经一切就绪了，可以开始工作了。我拖延时间什么也得不到，我要把'准备'的时间和精力用于工作。"

想给朋友写封信吗？现在就写。有什么可以扩大业务的好想法吗？现在就去尝试。记住本杰明·富兰克林的忠告："不要把今天能做的事推到明天做。"

一个人一旦有了拖延的习惯，每当想要拖延的时候，就应该及时转换想法。如果已经设定了期限，就不会拖延。而且，那个期限如果是一定要完成、无法再变更的，就没有拖延的借口。

仔细思考一下，拖延的事情迟早要做，为什么要等一下再做？现在做完等一下可以休息，有什么不好？现在休息了，也许等一下做事要付出更大的代价。

想想，在日常生活当中，有哪些事情是你最喜欢拖延的，现在就下定决心，将它改善。

从最简单的事情开始，当你可以激发自己的行动力的时候，你会非常有干劲，会非常想去完成一件事情。

当事情的结果不如意时，很可能是你没有掌握正确的方法；当完成的速度不够快的时候，很可能是你使用的策略不对。

要当一个成功者，必须积极地努力，积极地奋斗。成功者从来不拖延，也不会等到"有朝一日"再去行动,而是今天就动手去干。他们忙忙碌碌尽己所能干了一天之后,第二天又接着去干,不断地努力,直至成功。

要记住这句老话:"今天能做的事情,不要拖到明天。"成功者一遇到问题就马上动手去解决。他们不花费时间去发愁,因为发愁不能解决问题,只会不断地增加忧虑。当成功者开始集中力量行动时,会立刻兴致勃勃、干劲十足地去寻找解决问题的办法。

你遇见过那种喜欢说"假若……我已经……"的人吗?有些人总是喋喋不休地大说特谈他以前错过了什么云山雾雨的成功机会,或者正在"打算"将来干什么渺茫的事业。

失败者总是考虑他的那些"假若如何如何",所以总是因故拖延,总是顺利不起来。

总是谈论自己"可能已经办成什么事情"的人,不是进取者,也不是成功者,而只是空谈家。"实干家"是这么说的:假如说我的成功是在一夜之间得来的,那么,这一夜乃是无比漫长的历程。

不要等待"时来运转",也不要由于等不到而觉得恼火和委屈。养成马上行动的习惯,凡事掌握其根源,必定会得到非常大的收获和成效,不管你现在要做什么事,请立刻行动吧!

许多人的拖拉是因为形成了习惯。对于这样的人,无论用什么理由,都不能使他自觉放弃拖拉的习惯。因此,必须重新训练,唤醒迅速有效的行动力,以养成积极工作的习惯。

4. 成长，就是一场冒险的旅程

你会接触很多未知事物，遇到很多难题，但是你不能退缩。相反，你要迎难而上，不断地挑战自我，在一次次的成功或失败中吸取经验教训。

曾经有这样一个故事。

鹰与蛇是对老冤家。鹰喜欢抓蛇，把蛇带到半空中扔下，置蛇于死地。做这样的事，会让鹰感到自己很伟大、很开心。

然而蛇这种动物，并不是那么好惹的。如果是一条毒蛇，它就会在被鹰抓起时，反咬鹰一口，而在这个时候，中毒的鹰则很有可能会从半空中掉下来，当然蛇也会被摔死。鹰后来学乖巧了，它会飞下突然抓住蛇的头部，不让蛇的毒牙得逞。但蛇在这个时候，则有可能会用身子紧紧地缠住鹰，并越收越紧，最后鹰则会在剧痛中与蛇同归于尽。

尽管与蛇的斗争常常是两败俱伤，但鹰一次都没有退却过。每年总有一些时候，鹰还是会再次抓蛇，希望置蛇于死地。

鹰抓蛇是一种殊死搏斗，鹰明知有危险，但仍然去尝试、去冒险、去向命运挑战，这是鹰的个性，是鹰的伟大之处。鹰知道自己有可能会受到一些伤害，然而并没有因为这些而放弃。

人也只有在冒险中才会学到更多东西，才会让自己在以后更加有经验。

就像旅美华人谭仲英一样，他就是一个敢于在逆境中冒大险的人，他

57

能够成功就是因为他具有勇于冒险的精神。

"明知山有虎，偏向虎山行"，这就是一种敢于冒险、敢作敢为的行为，是杰出人物身上重要的性格特征。实际上，冒险和成功常常是相伴在一起的，尤其是在当今的商场中，冒险精神更是竞争中必不可少的。时代在急速地变化着，旧的模式确实不能适应新的环境。经营上的逆境随时都会出现，没有听过一帆风顺就能发财的。要经营制胜，就必须敢于冒险、敢于创新，与此相反就有可能会寸步难行。

当年，美国经济迅猛发展，对钢铁的需求也就随之大增了，卡内基抓住良机，全力以赴地大干起来，把全部的精力都投入到了钢铁业中。

他把自己的全部股票都换成了现款，投入到了钢铁工业当中。他用35万美元在匹兹堡南部建立起一座现代化的钢铁厂。虽然这时股票全部下跌，但在这之前，卡内基股票已全部兑换出手，这场灾难丝毫没有影响到他。这时他投资的新兴钢铁厂正独领风骚，准备热火朝天地大干一场。他加强管理，科学经营，并聘请化学专家检验原料，使原料、产品检测系统组织化，改变过去原料购入和产品卖出的无秩序状态，从而大大提高了生产力。

而经济形势的发展正如卡内基预测的一样，军火、铁路各方面对钢铁的需求愈来愈大。半年过去了，他的资产翻了几番，他的公司在钢铁市场当中占据了举足轻重的地位。他成了美国的大富翁的之一。

在与同行的竞争中，卡内基也算是一个天才，他眼睛盯住自己的对手，抓住机会以强击弱，逐步建立自己对钢铁业的控制权。他看中了一家叫狄克仙的钢铁公司。这家公司所发明的轧延铁轨制法，使其一直处于全美的领先地位。然而，由于工人罢工，这家公司危机重重，濒临破产。卡内基决定把这个公司买下来，他感觉现在正是时候，他想的是出多少钱的问题。他先出60万美元与狄克仙公司谈判，结果遭到拒绝。这时，突然传来令人吃惊的消息："不知是谁散发了奇怪的传单给全美铁路，说狄克仙的铁轨材质缺乏均一性，是有缺陷的产品。"消息传出，狄克仙极为被动，迫不得已以较低的价格忍痛把公司卖给了卡内基。

在狄克仙公司被吞掉以后的第二年，其收益就达到500万美元。之后，卡内基将资金增到2500万美元，公司更名为卡内基钢铁公司。不久，又将其更名为US钢铁企业集团。他的公司几乎垄断了美国的钢铁市场，并且跻身为全世界最大的钢铁公司之一。

而在与华尔街金融巨头摩根的"钢铁战争"中，卡内基也表现出超人的胆识。他以退为进，取得主动。双方经过几番较量，最后达成协议，卡内基的钢铁业归摩根所有。按合约，摩根以1比1.5的比率兑换了卡内基钢铁公司资产的时价额，据说有3.5亿至4亿美元之多。这使卡内基的资产从2亿多美元一下子增至4亿美元，翻了一番，据说已经超过了美国当时的国防预算。

实际上，真正的安全只能来自于自己的内心，它所考验的是你能否以一种平常心对待自己成长中的得失。而不惧冒险中的伤痛，勇于前进，才会有大的成功。

5. 你需要的不是别人的意见，而是自己的信任

对于任何一个人而言，能够一如既往地支持你相信你的人只有一个，那就是你自己。如果你怀疑自己，即使整个世界都相信你，你依旧力不从心，束手无策。但如果你相信自己，即使整个世界都怀疑你、嘲笑你，你

一定会在事业中扶摇直上，梦想成真。你是一块金子，即使放到一堆石块中，你依然是金子。前提是，你要相信自己、支持自己，从而让自己体现出金子般的价值。

一个少年，在懵懵懂懂中，心高气傲，想要做成一件大事，取得伟大的成就。为了得到别人的支持与信任，他逢人便滔滔不绝地述说自己的宏图。

但别人听了，并没有祝福他宏图大展，而是不以为意地说："你一个初入社会的少年，有什么资格谈论伟大的志向？或许你志在必得，或许你信誓旦旦，或许你勤勤恳恳，或许你梦想成功，但不论你有多少个或许，只有一个必然而肯定的结局，那就是这一切的一切，只是你的一厢情愿，而并非事实的本来面目。"

少年茫然了，问："我就没有一点儿成功的资格吗？"

别人都说："是的，没有。"

少年听信了别人的话，在平凡中等待着。转眼间，少年变为了青年，又想起了儿时的梦想，又燃起了成功的斗志。但他依旧没有胆量去追求，于是，又开始向别人咨询一些意见。

但别人听了，并没有祝福他马到成功，而是不屑一顾地说："你的志向太伟大了，不是你的力量所能及的，古今中外，能够取得这样成就的人才有几个？你仅是一个平凡的人而已！记住，成功不是那么容易的，如果容易，人人都可以成功了，但事实上，绝大多数的人都是平凡的，你还是在平凡中安分守己吧。"

青年失落了，问："我就没有一点儿成功的希望吗？"

别人都说："是的，没有。"

青年又听信了别人的话，在平凡中适应着。转眼间，青年变为了中年人。中年人在不堪平凡中又想做成一件大事，为了鼓舞志气，他一如既往地向别人征求意见。

但别人听了，并没有祝福他心想事成，而是有理有据地说："圣人有言，三十而立。而你已过了而立之年，人生还没有什么起色，也就是说，你在大好时光中都没有成事的力量，以后就更加困难了。"

中年人无奈了，问："我就没有一点儿成功的力量吗？"

别人都说："是的，没有。"

中年人落寞了，就这样的日复一日，年过一年。岁月不居，时节如流，转眼间，中年人变为了老年人。老年人不想就这样在平凡中结束一生，希望发挥余力，获得成功。这时，他更不自信了，依旧向别人询问。

别人听了，并没有祝福他老当益壮，而是感到不可思议地说："虽说姜尚八十，方才建功立业，但你是那样的人吗？记住，纵然你有雄心万丈，现在你已力不从心。接受吧，这平凡的人生，就是你人生的现状。"

老年人绝望了，并在绝望中死去。就在死去的这一天，他见到了天帝。一见面，便问道："为什么我一生没有任何成就，这是命中注定的吗？"

天帝不答，只问道："你为什么不去追求成功呢？"

这个人说："因为，别人都不支持我，都不相信我，我又如何去成功呢？"

天帝说："如果你一直相信自己，并取得了成功，别人还会怀疑你、反对你吗？"

这个人听了，哑口无言。

天帝说："其实，你的成败，并非取决于别人，而是完全取决于你自己。更多的人之所以一生庸庸碌碌，并非他们没有梦想，也并非他们不想成功，就是因为他们总是怀疑自己，最终放弃了自己的梦想。"

这个人终于有所觉悟了，然而，生命已逝。他唯有无限遗憾地怅然叹道：“人生中最大的失败，就在于不相信自己，从而放弃了自己的梦想，结果人生一无所成。”

人的力量到底有多大，这并非一个常数，因为，它会随着人的意志、人的思想、人的创造、人的潜力而不断地改变；但有一点可以确定，人所拥有的力量绝不仅限于他自身。在追求的途中，发挥自身所有的力量固然重要，但更重要的是学会借助自身以外的工具，让自己拥有无穷的力量，这是创造性的魅力，也是人可以接近梦想的原因。

这是一片辽阔的草原，只有草，没有树。

忽有一天，一阵龙卷风从这里经过，遗留下两颗种子。

一阵细雨过后，这两颗种子开始萌芽。

第一颗种子说：“我相信，我不是草，而是树。”

第二颗种子也说：“我也相信，我一定会长成参天大树。”

众多的小草听到了它们的谈话，纷纷嘲笑道：“我们这里只有草，没有树，你们凭什么会长成树？这不是痴人说梦、异想天开吗？”

但这两颗种子并没有理会小草的言语，而是用行动证明了自己。不久以后，第一颗种子所萌发的苗长高了许多，知足了，见第二颗种子依旧继续长着，便劝说道：“我们已经胜利了，看吧，众多的小草都匍匐在我们的脚下了，暂且停下来享受一下胜利的曙光吧。”

此刻，这已经是一个不争的事实：它们不是草，而是树。

第二棵树却不为所动，说：“仅高过了草，这不是我真正的目标，我相信，我还会变得更加高大。”

第一棵树认为自己的目标实现了，便停止了生长，尽情地享受着高于众草之后的胜利。

第二棵树则继续生长着，越来越粗壮，越来越高大。

转眼间，10年过去了。

第一棵树早已枝条杂乱，毫无生机，第二棵树则傲然而立，迎风招展。

后来，这片草原上有了人类居住。

人们将第二棵树当作图腾，因为，人们都希望自己能够像树一般高大，而非像草一般匍匐。

草原上的人们时常来这棵树下祈祷、膜拜、祝福，这棵树已然成为他们的精神支柱。

第一棵树见到了此情此景，心下不服，说："我们同样是树，为什么只有你受到了人类的尊崇与膜拜？"

第二棵树回答它说："因为，从一开始我就相信自己可以成为参天大树，并且始终为着参天的梦想而奋斗。永远记住，之所以你不能高大，那是因为你满足了现有的高度，并且放弃了对于未来的追求。"

相信是做到的前提，一个人能做到什么，首先是因为他相信能够做到。也许有人会发出疑问，也许有人会做出反驳：相信自己会有成就，相信了自己的不凡，难道就一定会吗？但当你拥有这样的疑问与反驳时，不妨扪心自问："我真正相信吗？"或许，大多数的时间内，你否定了自己，适应了现实。更多时候，更多的人，不是他们没有改变命运的能力，而是他们最终适应了现有的人生，认可了那些不可能与无能为力。可以确定地说，不论一个人最终做成了什么，在做成之前，他一定相信自己，相信自己一定能够做到！

这样的自信是一种心理状态，可以通过自我暗示培养起来。

自我暗示的方法很多，每个人遇到的压力不同，自我暗示的方法也不会相同。具有东方艾柯卡之称的夏目志郎曾提出达到自我暗示的6个条件，分别是：

（1）经常输入伟人的事迹。把自己推崇的伟人的资料通过阅读输入自已的大脑，经常用他们的奋斗精神来激励自己。

（2）相信语言的力量。经常用一些诸如"我能行""我一定能渡过难关"之类的话语来激励自己，增加自信。

（3）了解重复的重要性。连续不断地重复某种想法，不但内心深处能相信其发生的可能性，也会让自己排除压力，充满自信。

（4）保持强烈的欲望。若有很强的欲望，则会为了要实现的目标而付出行动，纵使有障碍物，也决不改变目标。不改变目标，可以改变超越障碍的方法。

（5）决定终点线。量化目标，让自己经常品尝成功的喜悦，能有效增强自信。

（6）设定预想的困难。事先把困难考虑到，当障碍物真的横亘面前时，便不会气馁、灰心，即使受到挫折，因为心理上事先有准备，也不会轻易放弃。

有一位姑娘在一家旅馆工作，负责登记旅客的住房。不知什么时候，姑娘染上一个毛病，当着众人写字手就发抖，抖到把字写得一塌糊涂，或者干脆就写不下去了。然而，姑娘的手写字抖动的程度是分情况的，遇到比她文化程度高的人，如大学生、研究生时，她心里一有自卑感，手就抖得格外厉害；反之，遇到文化程度不如她的（姑娘是高中毕业），她则有了"自信"，此时再写字就轻松自如多了。

为了克服消极、否定的态度，我们应该试着采取积极、肯定的态度。如果认为自己这不行那不行，身边的事也抛下不管，情况就会渐渐变得如自己所想的一样。缺乏自信时，我们更应该给自己打气。

6. 明天的自己比今天更优秀

成长就是每天你都应该对自己说：今天一定要比昨天做得更好，活得更出色。事物的发展变化都是由量变到质变的。量变，就是我们每日的微小的成长，它就像零星散落着的一颗颗珍珠；而质变却是一根绳子，它能把这些珠子串在一起，把它变成夺目亮丽的项链。量变积累到一定程度就会引起质变，这个积累，就是"每刻都去努力，每天进步一点"，任何人的成长都要经历这个阶段。

渥沦·哈特葛伦博士是一位博学多才的老人，他以前是一所大教堂的牧师，后来退休了。他曾经问过一位年轻人是否了解南非树蛙，年轻人坦白地说："不知道。"博士诚恳地说："如果你想知道，你可以每天花5分钟的时间阅读相关资料，这样，5年内你就会成为最懂南非树蛙的人，你会成为这一领域中最具权威的人。"年轻人当时未置可否，但他后来却常常想起博士的这番话，觉得这番话真的道出了许多人生哲理。

我们大多数人都不愿意每天投资5分钟的时间（与5个钟头的时间相比实在是少之又少）努力成为自己理想中的人。

伍迪·艾伦说过，生活中90%的时间只是在混日子。大多数人的生活层次只停留在：为吃饭而吃，为搭公车而搭，为工作而工作，为回家而回家。他们从一个地方逛到另一个地方，事情做完一件又一件，好像做了很多事，却很少有时间从事自己真正想做的。就这样，一直到老死。我猜想很多人临到退休时，才发现自己虚度了大半生，剩余的日子又在病痛中一点点流逝。

卓越者与平庸者之间的距离，并非隔着一道难以逾越的鸿沟，很多时候，就差在一些不眨眼的小习惯方面。比如，每天花5分钟阅读、多打一个电话、多努力一点、在适当时机多一个表示、工作上多费一点心思、学习上多做一些研究，或在实验室中多做一次实验……在实践目标时，你必须与自己作比较，看看今天有没有比昨天更进步——即使只有一点点。

通常只有遇到实际的状况后，才能分辨你的能力是否足以胜任那份工作。如果你是一名外科医生，动手术时却手脚笨拙，就说明你医术不佳；如果你是一位厨师，人们无法知道你厨艺好不好，除非你准备了一顿让人垂涎欲滴的餐点，人们才会晓得你是一位好厨师。

评断你能力的最佳裁判不是你的老师、消费者或你的朋友——而是你自己！在行动之前你自己就知道你是否足以胜任这一个任务。你可以想尽办法掩饰你的无能，并祈祷没有人会发现你所知甚少，或是你的动作多么不娴熟。但终究你还是得面对自己的无能，也必须自己想办法弥补。没有任何借口可以解释你为什么做了很长时间仍然无法胜任一项工作。第一天你可能什么都不知道，第二天你应该懂点什么。第一次尝试一份工作，你可能没办法表现得很完美，但经过一两天的练习，你应该要比刚开始时做得更好。

别人可能也无法真正断言你是不是一个诚实的人——在你有实际表现之前。只有你自己才知道自己的动机或企图；只有你自己才知道你诚不诚实、值不值得信赖；只有你自己才知道你提供的交易公平不公平……人们通常能够了解他们自己是不是欺骗了他人。

不论你想追求的是什么，你必须强迫自己增强能力以实现目标。这就需要你在自己的领域努力钻研，认真地研读、仔细地观看、专心地聆听这一行中顶尖的人的言行举止，并效法他们的行为。

成长永无止境，成长大于成功。只要每天勤于学习，稳步成长，每一天都有所收获，你就会越来越出色。

7. 从细节中找到突破的机会

所谓细节，是指"细小的环节或情节"，或者是指"琐碎而不重要的小节"。细节决定成败，人们往往可以从细节中"见微知著"，细节之处往往让人有许多惊喜的发现。本来最平凡、最平常的东西，只要你稍加留心，便会从中发现很多更重要的东西。而且发现的东西越多，懂的东西越多，就越能比别人做得好。

如果看不到细节，或者不把细节当回事，就会对工作缺乏认真的态度，对事情也只是敷衍了事。这种人无法把工作当作一种乐趣，而只是当作一种不得不受的苦役，因而在工作中缺乏热情。他们只能永远做别人分配给他们的工作，甚至即便这样也不能把事情做好。而考虑到细节、注重细节的人，不仅会认真对待工作，将小事做细，而且注重在做事的细节中找到机会，从而使自己走上成功之路。

一个人关注细节、把握细节的能力就是细节能力。

很多事情看起来只是一些微不足道、不值一提的小事，但是这样的小事往往更能反映出一个人的做事态度。当别人不能踏实地完成这样的小事的时候，你做到了，并且做得很好，无疑是给自己赢得了更高的分数。

年轻的瑞利发现，母亲每次端茶时，一开始茶碗在碟子里很容易滑动，可等到洒一点热茶在碟子里后，茶碗却像粘在碟子上一样，一动不动了。

这一现象引起了他强烈的好奇心。于是，他不断地进行实验、记录、分析，最终对茶碗和碟子间的滑动得出了这样的结论：茶碗和碟子看上去光洁、干净，实际上表面总留有手指头和抹布上的油腻，使茶碗和碟子之间的摩擦系数变小，容易滑动。当洒了热茶后，油腻被溶解了，碗碟也就变得不容易滑动了。在此基础上他又指出，油对固体之间摩擦力的大小有很大影响，利用油的润滑作用，可以减小摩擦力。后来人们就根据瑞利的发现，把润滑油广泛应用到生产和生活中。

茶碗在碟子里滑动可以说是司空见惯的现象，可瑞利却没有忽视这一司空见惯的小细节，而是透过事物的表象，努力探索事物的本质，最终发现了油对于润滑的作用。而在日后的科学探索中，瑞利也总是要求自己凡事多想想，不肯忽视任何特别的现象，因此他在科学的世界里越走越远。最终，瑞利因为发现氩气而荣获1904年的诺贝尔物理学奖。

这种不忽视小节，并能从中发现契机的能力，是科技进步的原动力。牛顿从苹果落地发现万有引力，雷内克从孩子们的游戏中得到启发发明听诊器，瓦特看到茶壶盖被水蒸气的力量顶起而发明了蒸汽机……所有这些人的行为体现的都是细节能力。

"细致到点"，从细节中找到创新的机会，这是许多人成功的秘密。所以说，在激烈的市场竞争中，在这个讲求精细化的时代，细节能力往往能反映你的专业水准，突出你内在的素质。一丝不苟地做事可以体现细节能力，具有敏锐的观察能力也是细节能力的表现。所有细心认真品质下的行为，都可以反映出你的细节能力。

坚持做好每一件小事并不容易，它需要一种持之以恒的精神。在通往梦想的路上，一定不要忘了形成注重细节的思维。细节能力会给你带来机会，也会带给你改变一生命运的好运。

第四章

求同存异：改变看问题的角度

❖

与其抱怨别人对你不好，不如利用这个间隙来反省一下自己；与其问别人为什么不喜欢你，不如先问问自己，你做了什么事情讨人喜欢呢？

1. 助人助心，谨防好心办坏事

帮助人是中外的传统美德，但是，如果你帮助别人不注意方式，往往会损害受帮助者的尊严。这时候，你的帮助就会变味，不但帮不了人，还会给受帮助者带来莫大的危害。

战国时期，诸侯混战，民不聊生，这一年，齐国大旱，饥民遍野。有一个富人叫黔敖，开仓赈灾，吩咐人路边准备好饭食，以供路过饥饿的人来吃。这时，有一个瘦骨嶙峋的饥民走过来，只见他满头乱蓬蓬的头发，衣衫褴褛，将一双破烂不堪的鞋子用草绳绑在脚上，他一边用破旧的衣袖遮住面孔，一边摇摇晃晃地迈着步，由于几天没吃东西了，他已经支撑不住自己的身体，走起路来有些东倒西歪了。

黔敖看见这个饥民的模样，便特意拿了两个窝窝头，还盛了一碗汤，对着这个饥民大声吆喝着："喂，过来吃！"饥民像没听见似的，没有理他。黔敖又叫道，"喂，听到没有？给你吃的！"只见那饥民突然精神振作起来，瞪大双眼看着黔敖说："收起你的东西吧，我宁愿饿死也不愿吃这样的嗟来之食！"说完，这个饥民昂首挺胸地走了，最后饿死了，但是他宁死不吃"嗟来之食"的精神却流传了下来。

一个人饥饿到了极点，到了几乎不能维持自己生命的时候，却依然能够拒绝别人轻蔑的施舍，让他能够付出生命代价去维护的，就是他的尊严。每个人都遇到过难处，都有请求别人帮助的时候，在人们准备请求获得帮助的时候，他们首先想到的是如果别人拒绝怎么办？在这个时候，他们的心灵就已经极其敏感了。

如果你不是一个死缠烂打的人，那么你一定会考虑到：假如对方表现出些许的为难，或者说了推辞的话，你会怎么办？当然是体谅人家的难处，收回自己的请求，如果对方对你不尊重，冷嘲热讽呢？我们自然会挺直腰杆，宁可无助，也决不再接受对方的帮助。

所以，我们帮助别人的时候，一定要注意维护对方的尊严，不要让他们已经受到创伤的心灵再遇挫折。

曾经有一个残疾的乞丐，他断了一只手臂。一天，他来到一户人家门口，向主人乞讨活命的食物。这时，从里面走出一个中年妇女，她仔细端详了乞丐一番，对乞丐说："现在经济形势这么恶劣，我没有多余的钱施舍给你，不过，如果你能帮我们家做一些事的话，我倒不介意为此付给你工钱。"

乞丐纳闷了：自己一个残疾人，能干什么呢？妇人把乞丐带到后院的一堆砖边，指着那堆砖说："你只要把这些砖搬到前院，我就给你钱。"

乞丐听完后，很气愤，压抑不住心中的怒火，说："你明知道我只有一只手，还叫我搬砖！不给钱就算了，你还羞辱我！"但那妇人却拿起一块砖，对他说："拿起一块砖，一只手的力量就足够了！你虽然只有一只手，但你可以用你的一只手搬砖啊，照样可以靠自己的劳动赚钱！"乞丐听完后，似乎懂得了什么，他吸了口气，用他的一只手，一块一块地把砖搬完了。妇人看着乞丐把砖搬完后，也按照自己的诺言，给乞丐了些钱。

几年后，有一个气度非凡，身穿西装的青年来到这个妇人家，感慨万千地感谢那妇女，那位妇女开始并不知道他是谁，后来看出了那人是独臂，才想起是当年来自己家乞讨的那位乞丐。那乞丐现在成了一家搬运公司的老板，他正是用他的那一只手，成就了自己的一番事业。这位青年对妇女说："非常感谢您，要不是您帮我找回我的尊严，我哪会有今天！如果没有您对我的教诲，我……"

妇女又领他来到了后院，指着依然堆在那里的砖头说："呵呵，其实我并不需要挪动那堆砖头，这些年来，每个到我家来寻求帮助的人，我都会让他们搬那堆砖头，我只是想让他们体面地获得帮助。同时告诉他们：要用自己的劳动来换取钱财。今天你的成就，就是你用辛勤的劳动和自信换来的！"

故事中这个妇人的办法非常高明，在帮助别人的同时，她很好地维护了对方的尊严，并且通过劳动给对方一个提示——尊严可以靠劳动来维护，命运也可以靠劳动来把握。

在今天的社会里，人和人之间的关系变得异常密切，这也就导致互帮互助变得越来越平常。但在有些人的意识里，帮助者和受帮助者并不是平等的，帮助人的人处于强势地位，自然可以高高在上，而受帮助者由于有求于人，就应该卑躬屈膝，低人一等。

在这种观念的误导下，他们在帮助别人的时候，会显露出自己的优越感来，从而使自己表情变得傲慢，语气变得不屑，言辞变得尖刻，眼神变得冷漠。给受帮助者一种心寒的感觉。设身处地地想一想，如果我们处在受帮助者的位置，我们还能接受这样的"帮助"吗？

帮助别人需要热心，更需要技巧，而这技巧中最重要的一条，也是原则性的一条，就是要维护对方的尊严，让他人愉快地接受你的帮助，而不会产生心理负担。

我们在电视上、新闻里看到过不少企业和个人出资帮助遇到困难的个人和家庭的事件，习惯性的报道方法就是先说受帮助者如何困难，再说帮助人的人如何心善，最后让受帮助者对帮助者千恩万谢。

我们不用怀疑自己的动机，也不怀疑自己的真诚，但是，有时候，我们的一些善意的举动不仅没有帮到受助者，反而让受助者处于一个非常尴尬的境地。实际上，当一个人的家庭状况被赤裸裸地公布于大庭广众之下，当一个人向恩人鞠躬磕头的镜头登上电视银屏的时候，他的尊严，已经或多或少地受到了伤害。

你和别人之间的尊重是相互的，你尊重别人，才能真正帮到别人，才能获得别人受到帮助后对你发自内心的感激！

2. 别用你的优势去对比别人的劣势

做人自信和要强是应该的，但一旦过了头，就会变成自负和自傲。

所以，如果你有自己的想法，请不要用自负的方式来阐述；如果你有过人的能力，也不要用"门缝里看人"的想法来看待别人。总而言之，就是不要用你的优势去对比别人的劣势。

李泉是某公司的新员工，高大英俊，口才不凡，在应聘的时候得到了主考官们的一致好评。李泉刚进公司，就成了办公室的红人，原本看好他的上司也对他寄予了很大的期望。但是没过多久，问题就来了。李泉所在的部门每个星期都会进行一次例行会议，向来是由上司来主持安排同事们的工作部署、相互交流各自的工作心得和工作进度。初来乍到的李泉，在第一次参加会议的时候就表现出了他的"好口才"，在业务会上跟同事和上司展开了激烈的辩论。

在讨论工作计划安排的时候，他总是认为自己的方案无可挑剔，将其他人的方案批驳得一无是处。在讲到某个具体观点的时候，还会揪住对方的小细节，滔滔不绝地要跟对方辩论到底。不但在会议上是这样，在日常工作中，李泉对他人的行事模式也总是看不惯，总认为自己的就是最好的，习惯性地发挥他的"三寸不烂之舌"，强势地要求对方按照自己的思路走，肆意贬低同事的能力，直到对方甘拜下风、哑口无言方才罢休。如果谁认为跟他纠缠没有意义，不愿意跟他说话，他就愈发认定对方不如自己。

李泉的这种"自我感觉良好"的习惯，是从他的第一份工作养起来的。李泉的第一份工作是在机关，因为办公室里的领导在他眼里"水平都很低"，因此李泉总是看不起他们，对他们的态度也很冷淡。将手头的工作做好之后，李泉对领导的意见就爱听不听了，领导自然不会喜欢这样老是给自己脸色看的下属。因此，一段时间之后，李泉就发现麻烦的事情一件接着一件。

就这样，一年多以后，被孤立的李泉实在待不下去了，选择了离开。但直到离开，李泉仍然认为自己身上不存在任何问题，是机关的人眼界太低，嫉贤妒能，无法容忍他这种高能力的人才。

岂料，在现在的公司，李泉又遇到了同样的问题。骄傲的本性使得李泉在工作中急于摆出与众不同的姿态，看不惯别人的生活和工作方式，认为他们是在浪费时间。他想要帮助别人，但是说出口的话却成了自以为是的教训。日子久了，同事们跟之前的机关领导一样，开始疏远他，不少客户也跟李泉的上司反映："你们单位的那个李泉口才倒是挺好的，可是跟他打交道怎么就那么不舒服呢？怎么老觉得自己低他一等呢？"

冷眼和流言越来越多，最后连上司也对李泉不耐烦起来。不到3个月，李泉就被请出了公司。

在生活中，跟李泉一样总觉得谁都不如自己的人不在少数。他们往往会表现出超强的自信，而这种自信在别人的眼里就会被解读成"自负""自以为是"。

每个人都有自己独特的个性，但在进入社会之后，为了安身立命，应该及时为自己补课，认识理想与现实之间的差异，学会包容与自己不同的生活和工作方式，用理智看待工作和人际关系，用感性来经营人与人之间的关系。

人心是最难捉摸的，人际交往中最忌讳的就是用个人标准去评判别人，给别人打上无能的标签。作为社会群体中的一员，既然已经跟周围的人身处同一个组织、同一个环境，就说明你仍然是一个普通人。不要总是认为自己有足够的优势来证明别人的劣势，也不要认为自己的见解永远都是正确的。如果你总在嘴皮子上寻求一时之快，等待你的只能是如李泉一般的结果。

3. 先考虑自己是否值得结交

社会是很复杂的大环境，人的类型很多，一个人应该怎么去面对社会、结交朋友，实在是相当重要的事，也不是一件容易的事。

一般说来，朋友可分为两种：一般朋友和真心朋友。进一步说则有：点头之交、玩乐之交、默契之交、道义之交、生死之交……不管是哪种程度、哪种境界的朋友，都会对你有某种程度、某种境界的提高和帮助。

我们固然要选择益友加强联系，但也要学会避开损友，懂得如何与三教九流形形色色的各种人打交道。不过，一定不要在需要别人时，才去交朋友。

　　的确，利益一般会偕朋友同来，但交朋友的目的，绝不是单纯地为了赢取个人的利益。要知道，我们选择别人，别人也同样可以选择我们。

　　所以，广结善缘的首要条件，并不是"我"喜欢什么样的朋友，而要先考虑自己是否让人喜欢、受人欢迎。"获友不易，反目一朝"，意即好朋友得之不易，有时却会因一句失言、一时失态而形同陌路，甚至反目成仇。

　　人生之路不能无友，有了朋友，更要加倍珍惜，因此，我们要时刻提醒自己：改善自我，广结良友。

　　中国古代，有一位很有名的小个子丞相晏子，当他代表齐国出使楚国时，就因相貌上的缺点而遭受嘲笑。但后来他却以机智和口才，使得楚国君臣上下不得不对他"刮目相看"。汉朝的陈平则与晏子相反，是有名的"美貌丞相"，其才能同样相当杰出，但是当时的人却批评他"光漂亮又有什么用"。

　　历史证明，陈平并不只是一个"光漂亮"的人，但是我们却可以在这个例子里发现：视觉上的美感，对人际关系并没有绝对的影响。同时，这个例子也显示出：外表好看，内在"可能"也不错，但二者的关系并不是绝对的。

　　所以，一个人是否受人欢迎，不仅是靠外表的印象来决定，还有其他妙方可使这个印象持之久远，例如：平易近人、关心与体贴、彬彬有礼、幽默感等，都是其中荦荦大端。大抵说来，受欢迎的人，一定肯为别人设身处地着想。比方说：每一个人在有事求人时，总希望别人即使拒绝，也不要使自己太难堪；因此，当我们不得已拒绝别人的请求时，也应该诚恳地表示歉意。

虽然说："友直、友谅、友多闻。"但是，当我们劝谏朋友时，态度应和缓，点到为止，留一点余地给对方，不要使建设性的建议反而变成了伤人的批评。

总之，能够将心比心，时时检讨自己的得失，才可能得到别人的真心对待。所以，我们若是希望自己能结交益友，不可不先"照照镜子"，分析一下自己在别人心目中的分量。

我们常说："成功不是偶然的。"意思是说，这其中包括有志气、有决心、有毅力、有方法。想做一个受人欢迎的人，也不例外，从内在到外在，从开口说话到不开口的衣着语言，都必须散发出一种吸引人的魅力，才能够把自己推销出去。现代社会的最大特点是"忙碌"，自己分内的工作尚且照顾不周全，哪里有时间、兴趣去深入了解别人？所以，大部分人留在你印象中的，只是一个粗略的轮廓，如果你不具备"特殊条件"，在别人心目中，也只是一个模糊的影子而已。

就此而言，任何人要想在人际之中卓然出众，就得表现自己，把自己个性中最美好的一面拿出来——汽车大王福特曾为"最受欢迎的人"下过一个定义，他说："这种人，是能将内心中最美的东西引发出来的人。"的确，生命中有些东西是不依赖外力的，想要受欢迎，都得靠自己。肚子里有货，不怕没有伯乐识千里马；风度翩翩，不怕身边没有环绕着的同伴。

赢得好人缘的法宝是：要能够明确地把握重点，尽量表现"原有"的美质，即使天生的资质不够，也可以靠后天的培养或努力去尽力求取个人条件的完美。外在美如仪容整洁、彬彬有礼、态度亲切等，内在美如体贴关心，富于幽默感……都可以塑造你的特殊风格，甚至进一步把你推上成功的宝座。

4. 对冷落你的人也要报之以笑脸

相信每个人都尝到过被人冷落的滋味，但人们面对"冷落"所采取的态度却不尽相同。有的人遇"冷"不冷，逢"落"不落，仍然表现出一种泰然处之、豁达坦荡的超然境界，其结果不仅使自己渡过难关，走向"热烈"，而且在逆境中成才，留下了更加辉煌的人生篇章。有的人却不尽然，面对"冷落"，便变得消沉起来，一蹶不振，最终使自己陷入自我封闭、孤独寂寞的困境而难以自拔。要走出被人冷落的误区，首先要接受冷落。

我们面对被人冷落的境况，可以先承认它的存在，允许它的发生。人生本来就是一个万花筒，赤橙黄绿青蓝紫，喜怒哀乐，酸甜苦辣，温凉冷热，可谓应有尽有，五彩缤纷，因此，被人冷落也就不足为怪。

每一个生活在社会中的人，或多或少，或轻或重，都会遇到过"冷落"，不管你是自觉的还是不自觉的，情愿的还是不情愿的，谁也休想与它绝缘。"冷落"作为一种客观存在的社交现象，你无论如何也不应当采取回避的态度。

因此，面对冷落，要采取承认的态度，有接受的心理准备。当然，承认冷落的存在，并非是承认它存在的合理性，而是承认它的客观性。从而去接受解决此种矛盾方法的必然性。唯有如此，才会直面冷落，既不回避，也不惧怕。不但如此，面对冷落时，还要做到不委屈，不抱怨，并敢于坦然地表现自我。

遭受冷落，心情低落在所难免，在此时就要会自我调节，平息抱怨。

大凡经历过冷落的人，大都有这样的感觉，抱怨冷落的结果只会在客观上助长受冷落压力的程度。与其过多地自我抱怨，倒不如从主观认识上找原因，以新的姿态重新扬起生活风帆，战胜冷落。

同时，我们不妨扪心自问：为什么他人没有受冷落，却偏偏自己受了冷落；为什么此时无冷落，彼处遇冷落？想来想去，你便会觉得，原来别人对自己的冷落也是事出有因的。

假如受到来自顶头上司的冷落，你可能想到了他的偏见、不公正，但是否还应想到，你的工作态度差，表现得不好，是上司冷落你的内部原因；

假如受到同事的冷落，你可能会想到他孤芳自赏，为人傲慢，心胸狭窄，无端嫉妒等，但是否还应想一想，是不是自己的傲慢、无礼、清高，才使他人对你产生了冷落？

假如受到妻子的冷落，你可能会想，妻子不温顺、不贤惠、不会料理家务、不会热情待客等，但是否还应想到，你的大丈夫习气，动辄吹胡子瞪眼睛的表现，难道不是妻子冷落你的主因？

……

与其抱怨别人，倒不如利用这个时间来反省一下自己；而且失去的再难挽回，与其自己苦恼，不如洒脱一回。

被冷落，会使你隐隐感到自己心灵上的某种失落。这并不可怕，只要你能正确对待失落，科学地把握失落，学会从失落中奋起。

朱迪丝·维尔斯特在力作《必要的丧失》中指出：丧失是不可避免的。我们从脱离母体直到死亡，在整个成长的过程中，丧失始终伴随着我们。它是"一种终生的人类状况"。理解人生的核心就是理解我们该如何对待丧失。"丧失是我们为生活付出的代价"，但假如我们学会放弃对完美的友谊、婚姻、孩子和家庭生活的幻想，放弃对绝对庇护和绝对安全的幻想，那么我们将在这种放弃中重生。丧失是成长的开始，追求完美与恐惧丧失则是幼稚的，我们人生的路途由丧失铺筑而成。

现实生活中，我们常常习惯于把复杂的社会、复杂的人生理想化，人们接受收获往往比接受丧失更容易做到。其实，只要稍加留心，我们便能从生活中发现这样的画面：他是我的好朋友，同时又是别人的好朋友；上司对我特别器重，同时对另一个人也特别器重。想到此，也许你就会认识到，放弃各种不切实际的期待，对于消除因冷落产生的困惑，是多么重要！

冷落虽然使你暂时少了一些来自外界的热情，少了一些朋友，但往往能进一步激发你对热情的珍视，对朋友的偏爱。那个时候，你将会用自己的热情去温暖对方那颗冷落的心，而不会再用消极的眼光去对待朋友一时的偏颇。

生活中常常有这样的现象：有些才能出众的人，由于受不了世俗冷落的偏见，从此之后甘愿"随波逐流"，再也不肯"出头""冒尖"了；也有一些较为愚钝的朋友，由于受到某些人的鄙视，就产生"破罐子破摔"的念头。一对曾经形影不离的好朋友，突然某一日反目成仇从此形同陌路……

生活是多色彩、多层面的，不必事事都问个所以然，如果你只会发现冷落，而不去勇于开拓和追逐热情，那么，在你的眼里就会只有苦涩、忧伤和痛苦。

有的人在处理人与人之间的关系上，总是你对我好，我就对你好；你看不上我，我也不买你的账。这至少是一种不够大度的姿态。人与人之间的交流是双向的。一个成熟的人，他想到的往往不是得到，更多的时候是付出，是在适当的时机做必要的让步和牺牲。

面对冷落你的人，早上初见面时，可以主动上前去问候一声早上好；周末节假日，你可以主动邀请对方去参加一个舞会，或做一次短短的旅行；

当对方乔迁新居时，你可以主动去当个帮手，等等。如果你能这样去想、去做，逐渐改变对方的态度，那么精诚所至，金石为开，看上去似乎你显得"矮"了一些，但在他人的心目中，你是高尚的、伟大的，值得信赖的。

人们在受到冷落之后，往往在生活上感到失意，在心理上产生退却。对于一个强者来说，愈是受到冷落的重压，愈是应当富有自我表现的勇气。此种勇气，不仅可以吹散来自外界对自己冷落的阴云，也最容易拨开自己被人冷落所带来的心头迷雾。

当然，在自我表现的过程中，你还应当注意不要自我标榜，故弄玄虚。这样做，不仅难以排除外界的冷落，还会由此带来更多的冷落。

5. 想要站得高，就要超越自己的眼光

有这么一个游戏讲述了不同眼光的道理。

吃葡萄时悲观者从大粒的开始吃，心里充满了失望，因为他所吃的每一粒都比上一粒小）而乐观者则从小粒的开始吃，心里充满了快乐，因为他所吃的每一粒都比上一粒大。悲观者决定学着乐观者的吃法吃葡萄，但还是快乐不起来，因为在他看来他吃到的都是最小的一粒。乐观者也想换种吃法，他从大粒的开始吃，依旧感觉良好，在他看来他吃到的都是最大的。

悲观者的眼光与乐观者的眼光截然不同，悲观者看到的都令他失望，

而乐观者看到的都令他快乐。如果你是那个悲观者的话，不妨不要换吃法，而是换种眼光吧。

想要站得高，就要超越自己的眼光，超越自己的眼光，必须先得超越自己。不妨想象一下自己还没有达到的目标已经达到，那时你会拥有怎样的眼光。

有这样一个笑话，一位已经年近古稀的农夫说："我的力气和壮年时一样大！"别人都惊疑地看着他，他进一步解释："想想那块大石头我壮年时抬不动，现在还是抬不动。"不要以为你的眼光没有达到某个目标就以为它一直没有改变，其实你的眼光一直在变，只是你没有察觉到而已。

也许是你给自己眼光定下的参照物也在变化，所以你才忽略了变化，不要因此而产生悲观的情绪，这反而会损害"视力"。

一位病人找到眼科大夫："医生，我不能念报纸。"医生给他检查以后安慰他："没关系，你的眼睛近视，配一副眼镜就可以解决问题了。"病人惊喜地问："真的吗？我配眼镜以后就可以看报纸了？"医生笑着肯定。病人戴上配的眼镜拿起一张报纸来。"医生，我还是不能念。"医生奇怪地又仔细检查了病人的眼睛："不可能呀？你真的只是近视而已。"病人回答："可是我不识字。"

所以有时是你自己没有区分"看不懂"与"看不见"之间的差别。

你的目光放在那里，你的注意力也会集中在那里，所以要慎重选择你注视的方向。

你的时间、精力都是有限的资源，不能够供你任意挥霍，所以你最好只关注那些对你有重大意义的人或事，为一些并不重要的东西分散精力和眼力是件得不偿失的事。当然，在学会关注之前你要先学会如何区分重要与不重要。

事业并不一定意味着要拥有雄厚实力，手下员工成百上千，甚至呼风唤雨。对一位主妇来说，经营的家庭何尝不是一种事业；对一位教师来说，桃李满天下何尝不是一种事业。所以对事业的眼光，要尽可能放得很轻松。没有人能逼你什么，逼你的只是你对事业的偏见。

眼中的感情不光仅仅有令人目眩神迷的爱情，还有血浓于水的亲情，四海之内皆兄弟的友情。缺乏任何一种感情，人生都是一种缺憾。

爱情是一种倾尽全力的付出，是随遇而安的豁达和心甘情愿的勇气。没有付出的爱是虚伪的，没有得到的爱是苍白的，没有勇气的爱是可怜的。而亲情最重要的是避免伤害，因为人往往容易伤害亲人，在潜意识中亲人是最宽容的港湾，既然如此，何苦让港口支离破碎呢？友情是最奇妙的感情，有缘则聚，无缘则散的话语是友情的真谛。

不要太关注于金钱的价值，套一句俗话，钱是拿来爱的，是拿来花的。把眼光过多投注于金钱上，眼界也会变得斤斤计较起来。

一个人在社会中、在事业上要想取得成就、有一定的贡献，就不能有"明知不可为而为之"的顽固想法。既然不可为、无法做，或者做不到，那就早点觉悟，立即止步，这样才不至于浪费你的时间、精力、感情，避免出现到了最后两手空空的结局。

命运对每个人来说，都是一个需要用一生时间去解答的问题，眼光决定人生，这一点也不过分。拥有什么样的眼光，就拥有什么样的人生。

你眼光独创，必然会获得成功；

你眼界狭窄，必然会把人生带进死胡同；

你眼光散漫，人生也充满了散漫与空虚；

反之，你想拥有什么样的人生，也就需要什么样的眼光，幸好，眼光是可以凭自己努力改变的。

当你遇到问题不能解决时，不妨从另外的一个角度去审视，也许你会有新的收获和感悟。

6. 宽容和分享是最好的福报

乔治·艾略特说："如果我们想要更多的玫瑰花，就必须种植更多的玫瑰树。"或许生活本来就没有不平凡的含义，只在于你如何看待它，如何对待它。理智而达观的人对别人不会期许太多，因为他明白：你如何对待别人，别人也会如何对待你，要走进别人的心灵，自己就要首先敞开胸怀。

两个钓鱼高手一起到鱼池垂钓。

这二人各凭本事，一展身手，隔了没多久的工夫，皆大有收获。

忽然间，鱼池附近来了十多名游客。看到这两位高手轻轻松松就把鱼钓上来，十分美慕，于是就到附近去买了一些钓竿来钓鱼。

没想到，这些不擅此道的游客怎么钓都是毫无成果。

而那两位钓鱼高手的个性相当不同。其中一人孤僻而不爱搭理别人，单享独钓之乐；而另一位高手却是个热心、豪放、爱交朋友的人。

爱交朋友的这位高手看到游客钓不到鱼，就说："这样吧！我来教你们钓鱼，如果你们学会了我传授的诀窍，钓到一大堆鱼时，每10尾就分给我1尾。不满10尾就不必给我。"

双方一拍即合，都同意了。

教完这一群人，他又到另一群人中，同样也传授钓鱼术，依然要求每钓10尾回馈给他1尾。

一天下来，这位热心助人的钓鱼高手把所有时间都用于指导垂钓者身上，获得的竟是满满一大箩鱼，还认识了一大群新朋友，同时，左一声"老师"，右一声"老师"，备受尊崇。

而同来的另一位钓鱼高手却没有享受到这种服务人们的乐趣。当大家围绕着他的同伴学钓鱼时，他就更显得孤单落寞了。闷钓一整天，检视竹篓里的鱼，收获也远没有同伴的多。

在生活中，我们都希望得到别人的支持和理解，更希望得到别人的关心。我们帮助别人也等于帮助自己，古语有云："己欲利，先利人；己欲达，先达人。"我们处于一个大集体中，每个人都不可能孤立地生存着，有时候，我们也需要别人的帮助，而在这个时候站出来帮我们的往往就是那些我们曾经帮过的人。

因此，不要吝啬，不要小气，多帮帮别人，一声问候、一个鼓励的眼神、一句赞美的话，都会给他人带来快乐，也会给你带来意想不到的收获。

如果我们将思想转向帮助旁人，或许我们可以找到平静的心境和快乐，也发现就是因为我们太热衷于自己，才使我们不快乐。

一位行善的基督徒，离世后想看看天堂和地狱究竟有什么差别。于是他请求天使在把他带到天堂之前，先带他去地狱看看。

天使答应了他的请求，把他带到地狱。在地狱里，他看见一桌丰盛的晚餐，鸡、鸭、鱼肉应有尽有。他很惊讶地问天使："地狱的生活也不错嘛，难道生前作恶的人也不用受苦吗？"天使冲他微微一笑，说："上帝是爱我们的，他不会主动惩罚每一个人。人们之所以受到惩罚，都是他们自己的过错。"基督徒还是不太理解。

这时，地狱的晚餐开始了。只见一群骨瘦如柴的饿鬼疯抢着坐到座位上，他们每个人都拿着一双十几尺长的筷子，都在努力试着用这双长筷子夹到美味的食物，但是筷子实在太长了，无论他们怎么努力，也无法把夹到的食物放到自己的嘴里。

基督徒看着他们，好像明白了什么。这时天使对他说："你看，他们每个人都夹得到食物，却吃不到，你不觉得可惜吗？我再带你去天堂看看吧。"

于是基督徒跟随天使来到天堂。在天堂里他同样看到一桌丰盛的晚餐，每道菜都和地狱里的一模一样。每个人用的筷子也和地狱里的一样，所不同的是，他们每个人都把夹到的食物喂给别人吃，而自己也不断地品尝到别人喂过来的食物。所以他们每个人吃得都很愉快。

天使说："这就是天堂与地狱的区别：你不愿意帮助别人，你就生活在地狱里；你助人为乐，你就生活在天堂里。

这是一个短小的故事，带给我们的启示却很大：在我们的生活中，总会有地方需要别人的帮助。同样，我们身边的人也需要我们的帮助。只有互相帮助，我们才能生活得更美好、更快乐。

随着年龄的增长，我们逐渐明白了许多做人的道理，随之也就形成了自己的做人原则。我们要乐于助人，特别是当别人迫切需要帮助时，一定要尽力去帮助人家。当你帮助了一个急需帮助的人，为他解决了困难，你会从他满足的目光中得到无限的愉悦，而这种享受是无比美好和幸福的。

在日常生活中，难免会发生这样的事：亲密无间的朋友，无意或有意做了伤害你的事，你是宽容他，还是从此分手，或待机报复？有句话叫"以牙还牙"，分手或报复似乎更符合人的本能心理。但这样做了，怨会越结越深，仇会越积越多，应了那句话——冤冤相报何时了。如果你在切肤之痛后，采取别人难以预料到的态度，宽容对方，表现出别人难以达到的襟怀，你的形象瞬时就会高大起来；你的宽宏大量、光明磊落将使你的精神达到一个新的境界，让你的人格折射出高尚的光彩。宽容，作为一种美德受到了人们的推崇，作为一种人际交往的心理因素也越来越受到人们的重视和青睐。

7. 适当吃点小亏，最终你将是受益者

史学家范晔，曾经有一句名言："天下皆知取之为取，而不知与之为取。"没有无回报的付出，也没有无付出的回报。一般的情况下，付出越多，得到的回报越大，只想别人给予自己，自己只等着接受，那么回报的源泉终将枯竭。有一句话说得好："爱出者爱返，福往者福来"，人世间的绝大部分事情，只有给予了付出才会有回报。

春秋战国时期，孟尝君求贤若渴。他待人真诚，感动了一个具真才实学而十分落魄的士人，这个人名叫冯谖。冯谖在受到孟尝君的礼遇后，决心为他效力。有一天，孟尝君要派人为他到其封地薛邑讨债，问谁愿意去，没有人出来应答。

半晌，冯谖站了出来，说："我愿去，但不知催讨回来的钱，要用来买什么东西？"孟尝君说："如果要买的话，就买点我们家缺少或没有的东西。"众人听了都为冯谖捏一把汗，因为世间稀罕之物，孟尝君应有尽有。

但是冯谖好像没有考虑那么多，马上领命而去。他到了薛邑后，见到

老百姓的生活十分穷困，听说孟尝君的讨债使者来了，都满腹怨言。于是，他召集了邑中居民，对大家说："孟尝君知道大家生活困难，这次特意派我来告诉大家，以前的欠债一笔勾销，利息也不用偿还了，孟尝君叫我把债券也带来了，今天当着大伙的面，我把它烧毁，从今以后，再不催还！"说着，冯谖果真点起一把火，把债券都烧了。薛邑的百姓没有料到孟尝君是如此仁义，个个感激得一把鼻涕两行泪，觉得这辈子没法回报孟尝君了。

冯谖说："用不着大家回报，既然孟尝君连钱都不在乎，又怎会要大家回报什么呢？"后来冯谖回去复命，孟尝君问他："你讨回来的钱呢？"冯谖回答说："不但利钱没讨回，借债的债券也烧了。"孟尝君很不高兴，觉得冯谖没有经过自己的允许就擅自做主把债券烧了，实在是没有把自己放在眼里。

冯谖对他说："您不是要我买家中缺少或没有的东西回来吗？我已经给您买回来了，这就是'义'。焚券市义，这对您收归民心是大有好处的啊！"

数年后，孟尝君被人谮谗，齐相不保，只好回到自己的封地薛邑。薛邑的百姓听说恩公孟尝君回来了，倾城出动，夹道欢迎，表示坚决拥护他，跟着他走。孟尝君深受感动，这时才体会到冯谖"买义"的苦心。对孟尝君而言，小的损失换来了大的利益。

冯谖用那些根本就难以收回的债钱，换回了民心，使得孟尝君年老回归自己的封地，大受拥戴，不得不说冯谖当初的举动是很高明的。

时至春秋末年，齐国的国君荒淫无道，横征暴敛，苛政无度。齐国的贵族田成子看到这种情况后，对他的僚属说："公室用这种榨取的手段，虽然得到了不少财富，但这种取是'取之犹舍也'。仓储虽实，但国家不固，终是'嫁衣'。"于是田成子制作了大、小两种斗，打开自己的仓储接待饥民，用大斗出借谷米，用小斗回收还来的谷米，以这样的方式来赈济灾民。

于是，不少齐国人不肯再为公室种田，反而投奔于田成子门下。田成子用这种大斗出小斗进的方式，借出的是粮食，收进的却是民心。虽然给予了粮食，实则得到了更多的东西。果然，齐国的国君宝座最后为田氏家族所得。那些粮仓的米为田家换得了天下，不可谓不是"大得"啊！

常言说"吃亏是福"，一辈子不吃亏的人是没有的。问题在于我们如何看待"吃亏"。人际关系中，无法做到绝对公平，总是要有人承受不公平，要吃亏。倘若人们强求世上任何事物都公平合理，那么，所有生物连一天都无法生存。而真正肯吃亏的人，往往才是最终的受益者。

第五章

放弃完美：固执是成功的最大障碍

◈

　　真实的人生没有完美可言，刻意去追求完美会使人疲惫不堪。正是因为有了残缺，我们才有梦、才有希望。而当我们为了梦想和希望努力奋斗的时候，可以说我们已经很完美了。

1. 不得"第一"也精彩

奥运会，每隔4年举办一次，数万名选手聚在一起，都担负着众多的期望，都在幕后付出了鲜为人知的努力，谁不想有个完美的结局：站在冠军领奖台上，戴上金灿灿的冠军奖牌。可是，每个项目的冠军只有一位，更多的人只能失意而归。

既然是比赛，总是会有输赢，就冠军来说，胜利者只有一位。而这个幸运的花环并不总会落在我们头上，如果我们因为无缘冠军而一直走不出失意的阴影，自责懊恼，那实在不是奥运精神的体现，更不是我们参加比赛的本意。

其实，不只是在奥运会这样的比赛中，在实际生活中，诸如勇争第一、百折不回、坚定不移、前赴后继、永不言败等词汇激励着一代又一代人为其理想而奋斗，那首名为《爱拼才会赢》的歌曲也被无数人传唱。人们的思维习惯是做强者，做胜利者，做英雄，偶尔失败了，就难以接受。

俗话说得好"三百六十行，行行出状元"，毕竟每一行的状元也只有一个，而竞争的人数却是数不清。争第一的精神当然是可嘉的，但是也不必非要争第一不可，就像一个人武艺高强，但是也不一定非要为争个第一的名衔，而与天下所有习武之人都比试武艺。看那些武侠电影或电视中的高手们常常为了证明自己才是打遍天下无敌手的英雄，而展开一场血战，最后剩下一个孤胆英雄，忍受高处不胜寒的孤寂，真是可悲。

有时候，我们更需要用一种平和的心境来对待人生的"第一"，要有争第一的决心和勇气，但若是败了，得了第二、第三又何妨？有人说："英雄就是做他能做的事，而平常人就做不到这一点。"没错，实际上，每个人，无论做何事，都必定有他所能达到的最高高度，并非一定要求自己超过某人，达到某一程度、某一目标。只要尽自己所能，问心无愧，最终能达到什么样的高度并不重要。

美国有一家租车公司，长期以来一直居于行业的第二位置，距离市场占有率第一名的租车公司，有好长一段距离，而后面的竞争者更是强者如云。眼看着业绩一直下滑，公司在这时聘请了奚得先生做总裁，他有"经营之神"的美称，到任后他对公司内部进行了大刀阔斧的改革。

要提高知名度，最主要的手段是加大对公司的宣传。做广告的时候，广告大师彭巴克先生建议在广告中坦白直率地告诉大家——我在租车业中，排名第二。因为是第二，所以要更努力。

奚得先生接受了这则广告建议，而且所有的车上都贴了奚得先生的电话，如果租车者发现车子不清洁、有烟蒂等等情况，可以直接打电话给他。因为："我们第二，所以要更努力。"

不久之后，公司的业绩急速上升，市场占有率愈来愈接近第一名。但是，他们仍以第二自称，因为第二代表的不只是名次，而是他们努力的形象。而一个不断努力改进自己的企业，又怎么会不受欢迎呢？

我们要争第一，忽略了第二，其实第二也有第二的好处。人生路上，有时候，不必过于追求完美，了解和接受自己的局限，能够帮助我们更加清醒理智地面对一切。

生活更像是一个足球赛季，最好的队也可能会输掉其中的几场比赛，而最差的队也有自己闪亮的时刻。我们的所有努力都是为了赢得更多的比赛，而不一定每次都要争第一。通常的情况是，背负着赢得第一的心理压力，也许恰恰不能拿到第一，就像我们不能强求自己每次考试都拿满分。

曾经获得世界冠军的美国拳击手杰克，每次比赛前必先安静地祷告一会儿。一个朋友问他："你在祈祷自己打赢这一场比赛吗？"他摇摇头，说："如果我祈祷自己打赢，而我的对手也祈祷打赢，那上帝会很难办的。"

朋友很奇怪："那你到底在祈祷什么？"

杰克说："我只是祈求上帝让我打得漂漂亮亮的！最好让我们谁都不受伤！"

一个必须要将对手打败才能获胜的拳击手，上场前竟然向上帝祈求这么一个愿望，实在令人感叹。

放松一点，当我们能继续在比赛中前进，并珍惜每场比赛，我们就赢得了自己的完整。我们追求完美，但也接受不完美。接受现实，就是正视现实，实事求是，不抱任何偏见地正确理解、评价自我和别人，同时也是用平和的心态去看待人生所谓的成和败。

生命是一个过程，而不只定格在最后那一枚奖牌上，就算你当不了第一，但你同样可以拥有成功，谁能说第二、第三名就不是成功呢？

在人生的征途中，常有竞争和角逐，也有奋斗和拼搏，着实需要争第一的精神，但若是因为自身的局限，拼尽了全力，也只得了银牌或者铜牌，同样要为自己喝彩！因为人生并不只有第一才是胜者，更不因只有第一才精彩！

2. 别奢望所有人都满意

无论你付出了多大的努力，即便你做得近乎完美，就算你在奥运会上拿了金牌，就算你已经是世界级的明星了，也会有人不喜欢你，还会有人向你发出嘘声，甚至扔臭鸡蛋。因为每个人都有自己的喜好、自己的想法和观点，我们不能强求他们保持统一的思想。

无论怎样，我们都不能得到所有人的肯定，面对别人的鲜花和赞美，我们要保持清醒的头脑。面对别人的批评和指责，也不必苛责自己，更不要在别人的言论里迷失了自我。

有一位画家想画出一幅人人见了都喜欢的画。画好后，他拿到市场上展出，并在画的旁边放了一支笔，并附上说明：每一位观赏者，如果觉得此画有欠佳之笔，均可在画中做记号。

晚上，画家取回了画，发现整个画面都涂满了记号——没有一笔一画不被指责。画家十分不快，对这次尝试深感失望。

第二天，画家决定换一种方法去试试。他又将那幅画临摹了一张，再拿到市场去展出。可这一次，他要求每个观赏者把认为最好的那一笔做上标记。当画家取回画时，整个画上又涂满了标记——一切曾被指责的笔画，如今都画满了标记！

画家不无感慨地说道："我现在发现一个奥妙，那就是我们不论干什么，只要使一部分人满意就够了。"

人总是渴望得到别人的认可，比如，今天穿了一件新衣服，听到别人的赞美会乐滋滋的，若是没有人注意到自己的新衣，有时也会主动问别人："看，这是我昨天新买的，今年流行的最新款，漂亮吗？"

如果得到了一片清一色的赞扬声，那还好，若是其中有人表现出不屑，或者指出了缺点，那么本来兴高采烈的心情，就会因此而低落下来，甚至迁怒于那个说了缺点的人，从此在心中埋下芥蒂。

其实，我们周围的世界是错综复杂的，我们所面对的人和事总是多方面、多角度、多层次的。我们每个人都生活在自己所感知的经验现实中，别人头脑中不可能完全反映出你的本来面目和完整形象。对你来说，别人对你的反映可能是多棱镜，甚至还可能是让你扭曲变形的哈哈镜，你怎么能期望让人人都满意呢？

有一个人是某大公司的职员，可是他整日发愁，不知道自己该怎么做。比如，他和新来的女同事有所接近，就有人怀疑他居心不良，于是他就不敢再与新同事接近了；到某领导办公室去了一趟，就引起这样或那样的议论，所以他没事就很少去领导办公室了；开会的时候，他说话直言不讳，就有人说他骄傲自满、目中无人，于是他就闭口不言；默默无闻地争取工作第一，又有人说他死心眼太傻……凡此种种蜚短流长的议论和窃窃私语，可以说是无处不生、无孔不入，搞得他头昏眼花、心乱如麻，都快崩溃了。

如果你期望人人都对你看着顺眼、感到满意，你必然会要求自己面面俱到。只要你认真努力，尽量去适应他人，就能做得完美无缺，让人人都满意吗？显然不可能！这种不切合实际的期望，只会让你背上一个沉重的包袱，顾虑重重，活得很累。

有一个士兵当上了军官，心里甚是欢喜。每当行军时，他总喜欢走在队伍的后面。一次在行军过程中，别的军官取笑他说："你们看，他哪儿像一个军官，倒像一个放牧的。"他听后，便走在队伍的中间，别的军官又讥讽他说："你们看，他哪儿像个军官，简直是一个十足的胆小鬼，躲到队伍的中间去了。"他听后，又走到了队伍的最前面，别的军官又挖苦他说："你们瞧，他带兵打仗还没打过一次胜仗，就高傲地走在队伍的最前边，真不害臊！"他听了，腿就不听使唤了，在别人的指手画脚下，他连路都不会走了。

你一定会说，这位军官的行为真是荒唐，但事实上，很多人会犯这样的错误，常常为了讨好所有人，而在不觉中迷失了自我。比如，在对一件事发表看法的时候，你从来都是附和所谓"权威"人物的观点，而不敢大胆说出自己的想法。再比如，在为人处世的过程中你经常按别人的反应做出决定，而不是按照自己的意愿去决定等等。这是不自信的表现，也是虚荣心在作祟，你已经成了上面故事中那位军官，丧失了按照自己意愿生活的能力。

德国诗人歌德曾说："每个人都应该坚持走自己开辟的道路，不被流言所吓倒，不受他人的观点所牵制。"我们每个人绝无可能孤立地生活在这个世界上，几乎所有的知识和信息都来自于别人的教育和环境的影响，但你怎样接受、理解和加工、组合，这是属于你个人的事情，这一切都要独立自主地去看待、去选择。谁是最高仲裁者？不是别人，正是你自己！

当别人对你说"快看这儿！"或"快瞧那儿"的时候，请你不要盲目地追随他们，因为幸福世界其实在你的心中。的确，我们只有常听听自己内心的想法，而不是过多地关注别人的想法，才能获得真正的快乐。

3. 缺陷无法改变，就欣然接受

世界上没有完美的人，每个人都如同被咬过的苹果，只是残缺的程度不同。我们若还在纠结于生活和想的不一样，抱怨生活欺骗了我们，懊恼自身的缺陷，那只能说明我们还不了解生活的真相：完美只存在于想象。

一个小男孩儿出生的样子，让所有见到的人都伤心至极——他的身体只有可乐罐那么大，腿是畸形的，而且没有肛门，躺在观察室里奄奄一息。医生断言，这孩子几乎不可能活过24小时。可是他的父亲在为他准备好了小衣服、小棺材和墓地后，回到医院发现他居然还活着。医生又说，这孩子不能活过一周，但是他挣扎着活了一周又一周……父亲将他带回家，取名约翰·库缇斯。

小约翰实在太小了，在他眼里，周围的一切都是庞然大物，他对一切都充满了恐惧，连家里的狗都欺负他，父亲对他说："你必须自己面对一切恐惧，勇敢起来！"到了上学的年龄，当他背着比他个头还大的书包、坐在轮椅上靠近校门时，没想到更因个头矮小吃尽了苦头。

那些调皮的孩子把他当成了随意戏弄的玩具，他们故意掀翻他的轮椅，看他挣扎；他们弄坏他轮椅上的刹车，看他失控的样子；他们甚至用绳子绑住他的手，用胶纸封住他的嘴，把他扔进垃圾箱里，还在垃圾箱旁边点燃了火……有一次幻灯课上，约翰出来上厕所，可是，他在黑暗中每移动一步，都感到钻心的疼痛。当他来到光亮处，才发现自己手上扎满了图钉，鲜血直流。

约翰终于无法忍受了，回到家，望着镜中的自己，想着自己一次次被折磨、被侮辱的遭遇，他放声大哭。他想到了死亡，想到了自杀，只是舍不得疼爱他的双亲……

因为约翰的两条腿畸形，就像尾巴一样翘起来，不仅派不上用场，而且行动非常不方便。1987年，17岁的他做了腿部的切除手术，成了"半个人"，但行动却变得自如了。

高中毕业后，约翰渴望找一份工作自食其力，每天早晨，他趴在滑板上敲开一家又一家的店门，问店主是否愿意雇用他。人家打开门，根本就没有发现几乎趴在地上的"半个"约翰，就又把门关上了。

不知道失败了多少次，约翰终于在一家杂货铺找到了自己的第一份工作。后来他又做过销售员、技术工人，还在一个仪表公司拧过螺丝钉。那时，他每天凌晨4点半起床，赶火车到镇上，然后爬上他的滑板，从车站赶到几千米外的工厂。尽管生活艰辛，但是能够自食其力，他还是非常开心。

约翰虽然身体残疾，但是爱好体育运动，他从12岁就开始打轮椅橄榄球。由于他没有双腿，做事全靠双手的力量，使得他的手臂力量惊人。1994年，约翰·库缇斯成了澳大利亚残疾人网球赛的冠军；2000年，拿到澳大利亚体育机构的奖学金，并在全国健康举重比赛中排名第二。

一个偶然的演讲机会，开创了他人生的全新局面。那次他应邀对自己的经历做简短演讲，很多听众听了他的故事感动得流下了眼泪，还有一个女孩儿因此而放弃了自杀的念头。这让约翰决定走上讲台，讲述自己经历过的恐惧和忧伤，讲出自己的挣扎和拼搏，给他人以启迪。于是，他开始到世界各地演讲，他的故事激励着更多的人，让更多的人走出了阴暗，走出了泥泞。

不要因为自己的缺陷而自卑、彷徨，那只不过是上天给我们人生添加了一份"苦味"的菜而已。有缺陷不可怕，可怕的是不敢面对、去逃避甚至掩盖。敢于直面真实的人生，才是成熟的第一步，想一想：如果自己都纠结于自己的不完美，那么还会有谁看见你的"完美"呢？如果我们都不想拯救自己，还有谁能拉我们一把呢？

如果一个人在46岁的时候，因意外事故被烧得不成人形，4年后又在一次坠机事故后腰部以下完全瘫痪，他会怎么办？

再后来，你能想象他变成了百万富翁、受人爱戴的公共演说家、意气风发的新郎官及成功的企业家吗？你能想象他去泛舟、玩跳伞，还在政坛占得一席之地吗？

米契尔做到了这些。在经历了两次可怕的意外事故后，他的脸因植皮而变成一块"彩色板"，手指没有了，双腿非常细小，无法行动，只能瘫坐在轮椅上。

意外事故把他身上65%以上的皮肤都烧坏了，为此他动了16次手术。手术后，他无法拿起叉子，无法拨电话，也无法一个人上厕所。但以前曾是海军陆战队员的米契尔从不认为他被打败了，他说："我完全可以掌握我自己的人生之船，我可以选择把目前的状况看成倒退或是一个新起点。"6个月之后，他又能开飞机了！

米契尔为自己在科罗拉多州买了一幢维多利亚式的房子，另外也买了一架飞机及一家酒吧。后来他和两个朋友合资开了一家公司，专门生产以木材为燃料的炉子，这家公司后来变成佛蒙特州第二大私人公司。意外发生后4年，米契尔所开的飞机在起飞时又摔回跑道，把他的12块脊椎骨摔得粉碎，腰部以下永久性瘫痪！"我不解的是为何这些事老是发生在我身上，我到底是造了什么孽，要遭到这样的报应？"

米契尔仍不屈不挠，日夜努力使自己能达到最大限度的独立自主。他被选为科罗拉多州孤峰顶镇的镇长，负责保护小镇的环境，使之不因矿产的开采而遭受破坏。米契尔后来也竟选过国会议员，他用一句"不只是另一张小白脸"的口号，将自己难看的脸转化成一项有利的资产。

尽管面貌骇人、行动不便，米契尔依然坠入了爱河，并完成终身大事，同时拿到了公共行政硕士学位，并持续他的飞行活动、环保运动及公共演说。

米契尔说："我瘫痪之前可以做1万件事，现在我只能做9000件，我可以把注意力放在我无法再做好的1000件事上，或是把目光放在我还能做的9000件事上。告诉大家，我的人生曾遭受过两次重大的挫折，如果我能选择不把挫折当成放弃努力的借口，那么，或许你们可以用一个新的角度来看待一些一直使你们裹足不前的经历。你可以退一步，想开一点，然后你就有机会说：或许那也没什么大不了的！"

世界文化史上三大名人，音乐家贝多芬失聪，小提琴演奏家帕格尼尼失音，文学家弥尔顿失明，但他们都不屈服于命运的摆布以坚强的毅力征服了自身的不完美，也赢得了整个世界的喝彩。

不管身体的缺陷是与生俱来的，还是后天导致而难以弥补的，勇敢地接受它们，就能活得从容，活出精彩。不要纠结于自己的缺陷，也不要苛责自己的不完美，因为有了不完美，"完美"才更有意义。

4. 痛才是历练，苦才是人生

你是否有痛苦的经历？答案是肯定的，每个人都痛苦过，痛苦往往给了我们很多警示。小时候，一次不小心打翻了水瓶，烫伤了自己，从此知道了开水可不是好玩的；上学时，因顶撞老师而受到重罚，从此懂得了，要想别人尊重你首先要学会尊重别人；工作时，因自己的过失给公司造成重大损失，而被炒鱿鱼，从此明白了，机会永远是留给准备充分的人。痛苦并不可怕，可怕的是为这些遗憾而难过。

德国哲学家尼采曾经说过："不仅要在必要的情况下忍受一切痛苦，而且还要喜爱一切痛苦，因为痛苦是人生前进的动力。"我们的人生始终与痛苦相伴，因为有了痛苦这样最好的老师，我们才会从一个儒弱者变成一个坚强者。坚强者把痛苦当作动力，去寻找快乐的彼岸；而儒弱者会在抱怨痛苦的深渊中沉沦，从此与快乐绝缘。

许多伟大的成功者的人生中都铭刻着"痛苦"两个字。他们之中有非常多的人之所以成功，是因为他们在此之前就遭遇到巨大的痛苦，促使他们加倍地努力而得到更多的报偿。正如威廉·詹姆斯所说的："我们的痛苦对我们是一种持久的帮助。"

如果你是个有梦想的人，而且你已经踏上了追求的人生之途，那你就学着去体验痛苦。你也许会说："我再不需要痛苦，我体验的痛苦已经够多的了。"

在你追求的人生之旅中，你要试着去做不幸者的朋友，打开你的视野，让你渺小的心灵深深懂得他人的痛苦是多种多样的，在你这种痛苦之外有着千百种痛苦。有衰老的痛苦，有疾病的痛苦，有失去孩子的痛苦，有失去母亲的痛苦，有失败的痛苦，有被朋友出卖的痛苦，有孤独的痛苦，有无人诉说的痛苦……

当你渐渐领略了许多种痛苦后，你的头脑里要有一条清晰的思维，你不能被这些痛苦所吓倒，你要懂得痛苦也可以是快乐的源泉，是推动你前进的人生动力。

在美国，"钻石大王"彼得森和他的"特色戒指公司"几乎无人不知，无人不晓。彼得森从16岁给珠宝商当学徒开始，白手起家，经历了令人难以想象的艰辛，最后一跃而成为享誉世界的"钻石大王"。

1908年，亨利·彼得森生于伦敦一个犹太人家庭。幼年时父亲便撒手人世，家庭生活的重担落在了母亲柔弱的肩上。迫于生计的压力，母亲携彼得森移居纽约谋生。在他14岁时，作为他生活支撑的母亲也因劳累过度一病不起，亨利不得不结束半工半读的学习生涯，到社会上做工赚钱，肩负起家庭生活的沉重负担。

当亨利·彼得森16岁的时候，他来到纽约一家小有名气的珠宝店当学徒。这家珠宝店的犹太人老板卡辛，是纽约最好的珠宝工匠之一。作为一个珠宝商，他在纽约上层社会的达官贵人和公子小姐中颇有声誉，他们对卡辛的名字就像对好莱坞电影明星一样熟悉。卡辛手艺超群，凡经过他亲手镶嵌的首饰都能赢得人们的赞誉并卖到很高的价钱。

但是卡辛作为珠宝店的老板，又是一个目中无人、言语刻薄的暴君，他对学徒的严厉简直到了暴虐的程度，珠宝店的学徒在他面前无不蹑手蹑脚、谨慎从事，唯恐自己的疏忽和过错惹怒了这个六亲不认的老板。

对于珠宝尤其是钻石的生产而言，最艰苦、最难以掌握的基本功莫过于凿石头。

亨利上班第一天，卡辛给他安排的任务就是练习凿石头，开始了他炼狱般的学徒生涯。根据卡辛的"教诲"，一块拳头大小的石头，要求用手锤和斧子打成10块尺寸相同的小石块，并规定不干完不许吃饭。亨利从没有干过这种活，看着这一块石头发呆良久，不知如何下手，唯恐一不小心招来老板的训斥和挖苦。但是他别无选择，只得硬着头皮干。他先把大石头劈成10小块，然后以10块中最小的那块为标准，慢慢雕凿其他9块。虽说石头质地不是特别坚硬，但是层次非常分明，稍不小心就会因把石头凿下一大块而前功尽弃，并招来老板的呵斥。

后来据亨利·彼得森讲，尽管老板非常苛刻，但也是为了让他们早日掌握打造石头的要领，因为对于钻石生产而言，打造石头是来不得半点含糊的基本功。老板也是借此来考验学徒们的意志，因为如果过不了这一关，是永远也不能成为成功的钻石商人的。做学徒第一天下来，亨利腰酸背痛，四肢发软，眼睛发胀，但依然没能完成老板的任务。

以后的数天里，他简直变成了一台麻木的机器在那里机械地运转，整日挥汗如雨地在那里劈凿。但是后来成就了事业的亨利·彼得森对于卡辛还是充满了感激之情，说如果没有卡辛的严厉要求，他绝对不会成为一个成功的"钻石大王"。

母亲看着孩子日渐消瘦的面容和血迹斑斑的双手，实在不忍心让孩子受这种委屈与折磨。但她知道对于穷人家的孩子，除了靠吃苦谋生外别无选择。在母亲的感召下，亨利也别无选择，并且在心里燃烧起强烈的成功欲望。他相信自己受一些苦难与委屈，最终是能够学到这门手艺的。

万事开头难，自己立业也不是件容易的事。虽然要求不高，只要有一张工作台就可以了，但是在房租昂贵的纽约找一块地方又谈何容易？关键时刻，还是有着互助意识的犹太同胞帮了他的忙。他就是彼得森在珠宝店里当学徒时认识的犹太技工詹姆。

詹姆与他人合资在纽约附近开了一个小珠宝店。彼得森去找他想办法，詹姆他们的小珠宝店很小，约有12平方米，已经摆放了两张工作台。詹姆很热心，看他处境艰难，允许他在这个小房间里再摆一张工作台，每月只收10美元租金。

工作台得到了解决，但是身无分文的彼得森无力预付房租，必须找到活儿干，否则仍然无法生存。

到了第23天，他终于揽到了一笔生意，一个贵妇人有一只2克拉的钻石戒指松动了，需要坚固一下，她在拿出戒指前郑重地问彼得森跟谁学的手艺，当得知面前这个首饰匠是卡辛的徒弟时，她就放心地把戒指交给了他。这对彼得森来说是一个重大发现，想不到卡辛的名字在这些有钱人中有如此分量，他马上想到借助卡辛的名气揽生意。也正是从此开始，他深刻地意识到了声誉的重要性。

尽管自己和师傅之间有一段无法说清的恩怨，但是他还是从心里对老师心存感激。彼得森靠着"卡辛的徒弟"这块招牌干了两三个月，生意不错。这时，西州的一家戒指厂的生产线出了问题，急需一个有经验的工匠做装配。

在听说彼得森的名气后，这家戒指厂商慕名请他去负责，他愉快地接受了这一工作。后来再有人慕名来找他加工首饰，他也都一一热情接待，把业余时间都用在加工首饰上。当然，他每星期的收入也开始明显增多，有时可赚到170多美元。这样，他一边在工厂工作，一边加工首饰，终于在经济大萧条的年代里渡过了失业难关，生活也得到了极大的改善。

在生活中，不论你处在什么环境中，你每天都会碰到一些人，你对他们怎样呢？你是否只是望望他们？还是会试着去了解他们的痛苦？比方说一位邮差，他每年要走很多路，才能把信送到你的门口，这是不是一种疲于奔命的痛苦呢？大街上与你迎面走过来的人满脸憔悴，他究竟又有着怎样痛苦的故事？如果找到克服痛苦的方法，就能把这些痛苦转化成人生中的一种快乐。

如果你正处于无法忍受的痛苦之中，那么就请记住这句话："如果有一只柠檬，就用它做一杯柠檬水。"你会因为这杯柠檬水快乐，从而获得更多的幸福。

5. 别一意孤行，执着不等于固执

世事变幻无常，没有任何一个人能够一帆风顺地过一辈子，每个人在一生中都或多或少会遇到障碍。其实，这些障碍都是因为我们的固执造成的。固执，可以说是所有人共同的心理特征，其本意是坚持原则、坚持不懈。当然，如果一味盲目地坚持，则可能会变成固执。正是在自己的固执当中，我们得罪了身边的朋友，失去了良好的人缘。

有一位画家今天要为一位老农夫画侧面的肖像。他非常认真地对待每一笔画，认为这幅肖像非常写实，不仅惟妙惟肖，而且无从挑剔。作品完成后，画家十分得意地交给老农夫欣赏，他认为，老农夫一定会感动得说不出话来。

没想到老农夫真的"说不出话来"，但是旁边的人一看就知道，在老农夫的脸上，出现的不是感动而是愤怒。

只见老农夫再看了画像一眼，生气地质问画家："为什么只有一只耳朵？我的另一只耳朵呢？"

画家这会儿可呆住了，他停顿了半天，才搞清楚问题所在。他耐心地向老农夫解释说："老先生，这是侧面肖像画啊！所以，我们只能看见一只耳朵。"

老农夫听完后，也呆了半天，只见他摸了摸自己的两只耳朵，仍然不解地问："可是，我确实有两只耳朵啊！"

画家耐心地说："这是侧面的，在视觉上另一只耳朵会被遮住，所以这里是看不见的。"

老农夫似乎明白了，他将画像翻了过来，不翻还好，一翻过来，只见他更生气地说："骗人！后面哪儿有？什么狗屁画家！"

画家这会儿也耐不住性子了，他对着老农夫怒吼道："笨蛋！你连最基本的空间概念都没有，我怎么解释你也不会懂！这已经是最好的了，你知不知道？"

老农夫仍然不听解释，继续说："给我画上另一只耳朵！"最终，两人不欢而散。

看到老农夫坚持着"另一只耳朵"，看到画家执着的"空间概念"，你是否也看见了另一种观点的偏执？农夫固执地想看见他的另一只耳朵，画家也执意坚持他的专业概念，没有人肯退一步，当然没办法让事情更趋圆满。

执着是一个人事业成功、人生幸福的必要因素。不过，执着的前提是方向正确，做法可行。假如方向错误方法不当，还一个劲地坚持，就会离真理越来越远，离成功越来越远。其实，这所谓的执着，只是一味地固执。

两个穷樵夫一直靠上山捡柴为生。有一天，他们在山里发现两大包棉花，两人喜出望外。要知道，当时棉花的价格高过柴薪数倍，将这两包棉花卖掉，足可供家人一个月衣食无忧。当下两人各自背了一包棉花，便打算赶路回家。

走着走着，其中一名樵夫眼尖，看到山路上有一大捆布，走近细看，竟是上等的细麻布，足足有十余匹之多。他欣喜之余，便和同伴商量，打算一同放下肩负的棉花，改背麻布回家。

他的同伴却有不同的想法，认为自己背着棉花已走了一大段路，到了这里丢下棉花，岂不枉费自己先前的辛苦，坚持不愿换麻布。见同伴不听，先前发现麻布的樵夫只得自己竭尽所能地背起麻布，继续前行。

又走了一段路后，背麻布的樵夫望见林中闪闪发光，待走近前一看，地上竟然散落着数坛黄金。他心想这下真的发财了，赶忙邀同伴放下肩头的麻布及棉花，改用挑柴的扁担来挑黄金。

他的同伴仍然坚持不愿丢下棉花、以免枉费了之前辛苦的想法，并且怀疑那些黄金不是真的，劝他不要白费力气，免得到头来空欢喜一场。

发现黄金的樵夫只好自己挑了两坛黄金，和背棉花的伙伴赶路回家。走到山下时，无缘无故下了一场大雨，两人在空旷处被淋了个湿透。更不幸的是，背棉花的樵夫肩上的大包棉花，吸饱了雨水，重得无法再挪动半步。背棉花的樵夫不得已，只能丢下一路辛苦舍不得放弃的棉花，空着手和挑着黄金的同伴回家了。

一味固执，不愿放弃棉花的樵夫就是我们生活当中很多人的写照：选择了一种方式，或看准了一条道路，就很难再改变自己的想法，甚至不作考虑地拒绝了一次又一次机会。在人生道路上的每一个关键时刻，我们要学会运用智慧，做出正确的判断，选择属于自己的那个方向。同时，还要时时刻刻留意自己的执着是否与成功法则相抵触。放弃，并非是对自己执着的全盘否定，而是去接近成功法则，让你尽早踏上属于自己的成功之路。

生活中，我们要学会"相机而行"，随着事物的发展而采取相应的措施。与人相处，应该懂得宽容，尤其是在那些非原则的问题上，千万不可固执己见，钻牛角尖，要学会灵活，学会应变。认真倾听意见，注意自己疏忽的东西，摒弃自己偏执的想法，这样才能获得最后的成功。

固执是人性当中最致命的一个弱点，它常常不堪一击，因为在真理和正义面前，你所固执和坚守的事物都会不攻自破。那些睿智的人，会放下偏执，从意见中发现对自身有利的东西；偏执的人，会排除意见，走向失败。

时时刻刻保持谦虚的态度，清醒而正确地坚持，能使人一步步走向成功；糊涂而错误的固执，则于己有害于人无补。固执己见，不愿听取任何人的意见，一意孤行，最后只能一步步靠近失败。我们固有的规律和经验，并非都适用于千变万化的世界，所以不要太过于相信自己的经历，要努力克服自己刻板的态度，灵活面对人生。

6. 不必羡慕别人，安心做最好的自己

生活中，如果你稍加留意，就会听到诸如此类的话："我真羡慕小王，年纪轻轻就在一家外企做了经理，一个月的薪水抵得上我一年的工资。""老高真是太幸运了，竟然娶到了市委书记的妹妹。""我的儿子要是能有邻居小孩那样乖就好了"……有人羡慕别人身在高位，有人羡慕别人生在一个富贵的家庭，有人羡慕别人的孩子懂事……羡慕什么的都有。

事实上，偶尔羡慕一下别人实属人之常情，但是，如果只是一味地拿别人的长处跟自己的短处比较，那么你只会比较出一肚子的郁闷。

有一天，上帝突发奇想，他想看看世间的万物是否对自己的现状满意，

于是就问众生："如果让你们再活一次，你们还会选择这样的活法吗？"

牛首先开口了："假如让我再活一次，我愿做一头猪。我吃的是草，挤的是奶，一天到晚还要干那些力气活，可是却从来没人给我一句鼓励的话，天天那么辛苦，有时候还要忍受皮鞭的痛苦。做猪多快活，吃了睡，睡了吃，肥头大耳，生活赛过神仙。"

猪说："假如让我再活一次，我要当一头牛。虽然每天吃得不如现在好，还要干那些力气活，但是名声好。我们在人眼里就是好吃懒做、傻瓜笨蛋的代名词，连骂人也都要说'蠢猪'，我们的下场都很惨。"

老鼠说："假如让我再活一次，我要做一只猫。从生到死都由主人供养，即使每天什么也不干，也有饭吃。不像我们，成天要东躲西藏，过着提心吊胆的生活，还经常饿肚子。"

猫说："假如让我再活一次，我要做一只老鼠。有一次我偷吃了主人的一条鱼，差点被主人打死，而老鼠却可以在厨房翻箱倒柜，大吃大喝，人们对它也无可奈何。"

老鹰："假如让我再活一次，我愿做一只鸡，有吃有喝的，有自己的住房，平时还受到主人的保护。哪像我们，一年到头总在外面漂泊，风吹雨淋，还要时刻提防冷枪暗箭，活得多累呀！"

鸡说："假如让我再活一次，我愿做一只老鹰，可以自由地翱翔天空，而且还可以任意捕兔捉鸡。而我们除了生蛋、司晨外，每天还得提心吊胆，一来怕被主人宰杀，二来担心被老鹰捕获，每天都惶惶不可终日。"

女人说："假如让我再活一次，我一定要做个男人，什么家务都不用做，下班回家只等着老婆把饭菜端上来就可以了，还可以经常出入酒吧、餐馆、舞厅。"

男人说："假如让我再活一次，我要做一个女人，即使是不学无术，只要长得漂亮，一句嗲声嗲气的撒娇，一个朦胧的眼神，都能让人神魂颠倒。根本就不用像现在这样拼命地在外面打拼，遭受别人的白眼，还

应变心理学

得忍气吞声。"

……

还没等其他动物开口，上帝就哈哈大笑起来，说道："看来你们都只看到别人的好，却忽略了自己的优点。既然如此，还是一切照旧，你们还是做自己吧！"

人们总喜欢羡慕别人，却忽略了自己所拥有的。很多人总是渴望获得那些本不属于自己的东西，而对自己拥有的却不加以珍惜。其实，我们每个个体之所以存在于世界上，自有它存在的意义；每一个人都拥有自己的优点和长处，也有自己的缺点和短处。因此，安心做自己的人，才是有智慧的人。

意大利著名影星索菲娅·罗兰在半个世纪以来出演了70多部影片，她用自己动人的风采、卓越的演技给人们留下了深刻的印象。她的美不是静止的，不是平面的，而以一种最最浓烈的方式留给了电影。在1961年，她获得了奥斯卡最佳女演员奖。很多导演都由衷地说，与索菲娅·罗兰的美丽相比，奥斯卡简直不值一提。

然而，她的从影之路并不是一帆风顺的。

16岁时她一个人来到了罗马，但是，演艺事业的路并不平坦，这都因为她的长相。刚到罗马时，她听到的都是个子太高、臀部太宽、鼻子太长、嘴巴太大等负面评价，她被说得没有一点做演员的资格。

不过很幸运的是一位制片商看中了她。看中了她并不代表她的事业一帆风顺，索菲娅·罗兰去试了许多次镜，但摄影师都抱怨无法把她拍得更美艳动人。制片商听到了摄影师的抱怨，于是找到了索菲娅·罗兰并对她说："索菲娅，如果你真想干这一行，我建议你把你的鼻子和臀部'动一动'，做一次整容手术，那样一定会更好些。"对于没有主见的人来说，这是一次千载难逢的机会，他们一定会按照制片商的说法去做。

但是索菲娅·罗兰是个有主见、不愿意随波逐流的人，她断然拒绝了制片商的要求。在她的心里，始终坚持着这样的一个原则：我就是我自己，只有做好了自己，我才能向他人学习。

索菲娅·罗兰要靠自己内在的气质和精湛的演技来征服观众，于是她找到了制片商，并不卑不亢地说："对不起，我不能这样做，我就是我自己，只有做好了自己，我才能向别人学习，这是我的原则。虽然我的鼻子太长，但它是我脸庞的中心，它赋予了我脸庞的独特个性，我很喜欢它。至于别人怎么说，我无法改变，因为嘴是长在他们的身上。我只要坚持我的原则就够了。"

虽然很多议论对索菲娅·罗兰很不利，但她没有因为别人的议论而停下自己奋斗的脚步，反而越挫越勇。她17岁正式进入电影界，之后的一生拍了100多部影片。后来她的演技已经达到了炉火纯青的程度，这让她得到了观众的认可，观众也很喜欢她的善良和纯情。索菲娅·罗兰的事业最终变得非常成功。

她刚出道时遭到的那些诸如鼻子长、嘴巴大、臀部宽等议论都不见了，她得到了比以前更多的好评，而这些"缺点"则成为当时评选美女的标准。20世纪末，尽管索菲娅·罗兰已经60多岁了，仍然被评为了那时"最美丽的女性"之一。

当后来有人问起索菲娅·罗兰的成功时，她是这样回答的："我谁也不模仿。我不去奴隶似的跟着时尚走。我只要做我自己。当你把自己独特的一面展示给别人的时候，魅力也就随之而来了。"

如果总是把目光盯在别人身上，一味地羡慕他人，抱怨别人拥有的太多而自己所得的太少，就会在失去自己的同时，也失去做人的快乐。

所以，从现在开始，把你羡慕的眼光从别人身上收回来，努力做好自己，将自己的才能发挥到极致，这才是聪明人的做法。

7. 事物有了残缺，人生才有希望

完美的人生几乎不存在，因为完美是要付出代价的，而一旦有了代价就不再"完美"。但人们可以选择走出不完美的心境，而不是在不完美里哀叹。如果我们一味地追求所谓的完美，又怎么能够轻轻松松面对生活呢。

很多人常常埋怨自己的生活不够美满，这也不如意那也不舒心，因此心情压抑、生活无味。其实，损伤和缺憾往往是我们拥有另一种美丽的契机。不完美是生活的一部分，拥有缺陷是人生另一种意义上的丰富和充实。我们每个人都有缺点，重要的是你如何看待它，如何能将这些"缺点"转化为"优势"，将这个"优势"好好运用、发挥，并得到更好的效果。实际上，有些缺点可能恰恰是另一种美丽的优点，可以让你在不经意间就铸就了另一种人生。

从前，有一位受人雇佣挑水的农夫。他有两个水桶，分别吊在扁担的两头，其中一个桶有裂缝，另一个则完好无缺。在每趟长途的挑运之后，完好无缺的桶，总是能将满满一桶水从溪边送到主人家中，但是有裂缝的桶到达主人家时，却剩下半桶水。

两年来，农夫就这样每天挑一桶半的水到主人家。当然，好桶对自己能够送满整桶水感到很自豪，而破桶则对于自己的缺陷感到非常羞愧，它为只能负起责任的一半而难过。

终于有一天，饱尝了两年失败的苦楚，破桶终于忍不住了，在小溪旁对农夫说："我很惭愧，我必须向你道歉。"

"为什么呢？"农夫问道，"你为什么觉得惭愧？"

"过去两年，因为水从我这边一路地漏掉了，我只能送半桶水到主人家。我的缺陷，使你做了全部的工作，却只收到一半的成果。"破桶说。

农夫替破桶感到难过，他非常有爱心地说："这一次，在我们回到主人家的路上，我要你留意路旁盛开的花朵。"

走在回家的山坡上，破桶突然眼前一亮，它看到缤纷的花朵开满了路的一旁，沐浴在温暖的阳光之下，这景象使它开心了很多。

但是，走到小路的尽头，它又难受了，因为一半的水又在路上漏掉了！破桶再次向农夫道歉。

农夫温和地说："你有没有注意到小路两旁，只有你的那一边有花，好桶的那一边却没有开花吗？我明白你有缺陷，因此我善加利用，在你那边的路旁撒了花种。每次我从溪边回来，你就替我一路浇了花。两年来，这些美丽的花朵装饰了主人的餐桌。如果你不是这个样子，主人的桌上也没有这么好看的花朵了。"

正是因为那只破桶的不完美，从而有了路边盛开的鲜花。由此可见，当生命中有不完美的事情时，不要悲观地怨天尤人，因为那只会徒劳无功。正确地认识这种残缺，不必苛求完美，只有这样，我们才能追求到幸福。

其实，人生没有完美的幸福可言，完美的幸福只存在于理想之中。因为任何事物都不可能达到完美的境界，如果每一个细节都要追求完美的话，那么很有可能就失去了大局。

从前有一位终日消沉的历史学家说："如果我没有完美主义，那我只是一个平平庸庸的人。谁愿意空活百岁，碌碌无为呢？"他把完美主义看成了自己为取得成功的必要条件。他相信实现完美是他达到理想高度的唯一途径。可是实际情况呢？他对失败的恐惧使他做事如履薄冰，根本做不出什么业绩。

完美主义也有可能会获得成功，但成功的到来却并不是因为有了这些完美的标准。研究表明，强迫性的完美主义并不利于人的心理健康，反而会使工作效率、人际关系、自尊心都受到严重损害，甚至会导致自卑和自我挫败。

完美主义经常会让人情绪紊乱，工作效率低下。原因之一就是他们以歪曲的、非逻辑的思维方法看待生活。完美主义者最普遍的思维方法是"要么全有，要么全无"。另外，在人际关系中，许多完美主义者感到孤独是因为他们害怕自己的意见不被采纳，使自己的完美形象受到影响。他们为自己的言行辩解，对别人却指指点点，评头论足。这样的做法常常伤害别人，影响同事、朋友之间的关系，最终导致他们陷入被孤立的境地。

有这样一个小故事。说的是很久以前，有一位完美主义的渔夫。他每次打鱼都追求完美，只想打大鱼，打上来的小鱼都放了回去。

有一天，他从海里捞到一颗晶莹剔透的大珍珠，爱不释手。但美中不足的是珍珠的上面有个小黑点，"美珠有瑕"。渔夫想，如能将小黑点去掉，珍珠将变成完美的无价之宝。于是渔夫将这颗珍珠剥掉一层。可是剥掉了一层，黑点仍在；再剥一层，黑点还在；一层层地剥到最后，黑点是没有了，然而珍珠也不复存在了。渔夫捧着满手的珍珠粉末痛哭流涕。

渔夫想得到的固然是美的极致，但是在他消除所谓的瑕疵的同时，美也在他追求完美的过程中消失了。有黑点的珍珠不过是白璧微瑕，正说明其浑然天成、不着痕迹，非常可贵，如同"清水出芙蓉，天然去雕饰"。美得自然，美得朴实，美得真切。

美真正的价值往往不在于它的完整，而在于那一点点的残缺，就如同缺失双臂的维纳斯，它能给人以无限的遐思，美丽就是在这样一种遗憾和遐想中成为极致。

要求自己时时保持完美其实是一种残酷的自我主义。真实的人生其实没有完美可言，完美只是理想的情况。刻意去追求完美会使人疲惫不堪。不管对于事情的结果如何在意，偶尔也该放过自己，毕竟不完美的事实在太多了。而正是因为有了残缺，我们才有梦、才有希望。而当我们为了梦想和希望努力奋斗的时候，可以说我们已经很完美了。

第六章

留点余地，让人生进退从容

弹琴唱歌，余音绕梁；赠人玫瑰，手留余香。流水有回旋的余地，才会减少灾难；江河有涨落的余地，才不至泛滥成灾。

留有余地，才能做到均衡、和谐。留有余地，才能做到进退从容，屈伸任意。

1. 收敛起你的优越感

在俗世的世界里，你只有放下架子，平等地对待每一个人，才能打开别人的心灵之窗，而如果你一味高高在上的话，你就会失去朋友，当你察觉只剩下自己孤零零一个人的时候，你会发现，失去了别人的参照，你的位置是高是低还有什么意义呢？

一个新上任的年轻军官要在火车站打个电话，他翻遍所有的口袋，也没找到零钱。他到站外看看有没有人能帮他的忙。这时有一位老兵走了过来。年轻军官拦住他说："你有10便士零钱吗？"老兵忙把手伸进口袋，说："等一等，我找找看。"年轻军官生气地说："难道你不知道对军官应该怎样说话吗？现在让我们重新开始。你有10便士零钱吗？"老兵迅速立正回答道："没有，长官！"

这位老兵的兜里真没有10便士的零钱吗？未必，他之所以这么痛快地说没有，原因只有一个——这位军官的态度过于骄横了，这样高高在上的样子谁看了都不舒服，又怎么会借钱给他呢？

高高在上，源于一种基于个人地位、财产、知识等方面高于别人而产生的一种优越感，这种优越感体现在人的表情、语言和动作上，就是颐指气使。高高在上可能给你带来暂时的心理上的满足，但它却在不知不觉中就伤害了别人。

更为严重的是，认为自己高高在上的人，容易伤害他人的尊严。他不会用平等的眼光看待别人，他总觉得自己高人一等，别人都是"下等人"，只配给自己当配角，打下手。可是他却忽视了一个问题——也许别人的才学不如你，也许别人的经验不如你，也许别人的财力不如你，但是，别人的自尊和你一样不容别人的侵犯！所以，当你那瞧不起人的目光落到他人的眼中时，你已经触动了他心中最宝贵、最不能伤害的部分——尊严。很难想象一个被你看不起的人会真心地和你交朋友。

一个人的成就再伟大，也只是相对于个人而言；在我们所生存的这个宇宙之中没有什么不是渺小的。爱因斯坦所取得的成就是非凡的，但他还是不看重这些，保持着谦逊的品质。有句话说：不要留恋你的影子——哪怕它很辉煌，它毕竟只是虚无缥缈的影子而已。要知道，当你望着你的影子依依不舍的时候，你正好背离着照亮你的太阳。爱因斯坦由于提出了相对论而声名大振。据说，有一次，他9岁的小儿子问他："爸爸，你怎么变得那么出名？你到底做了什么呀？"爱因斯坦说："当一只瞎眼甲虫在一根弯曲的树枝上爬行的时候，它看不见树枝是弯的。我碰巧看出了那甲虫所没有看出的事情。"

高高在上，容易挫伤他人的积极性。高高在上的人一般不屑于去做具体而细致的工作，不仅如此，他也看不起从事所谓细小工作的人，对于别人所做的工作，他或是没有根据地挑三拣四，百般刁难，或是不屑一顾，视而不见。一个人辛辛苦苦工作，做出了自己满意的成绩，却得不到对方最基本的认同，怎么还会有干好工作的积极性？

高高在上的人，总要千方百计维护自己所谓的权威，当他们觉得自己的权威受到挑战的时候，往往会作出过激的反应。另外，由于他们的高高在上，听不到朋友的建议，不接受下属的意见，完全把自己封闭在高高在上的云端里，盲目地自我膨胀，最终难免跌下云端，其实受伤害的还是自己。

两头驴子驮着沉重的袋子，吃力地往前走。一头驮的是满袋财宝，另一头驮的是满袋粮食。驮着财宝的驴子本来就有些盛气凌人，平时没事儿也要扯高嗓门儿冲天叫两声，生怕别人不知道它的存在。这次，自己驮的东西价值不菲，更是炫耀的好机会，于是昂首阔步，把系在脖子上的铃铛摆得悦耳动听，当然更忘不了不时地仰天长鸣。而它的同伴则不声不响地跟在它后边。

突然一伙强盗从隐蔽处窜出来，扑向驴队。强盗跟主人扭打时，驮财宝的驴子惊吓得仰天大叫，四处转圈。强盗生怕被别人听到，用刀刺伤了它，贪婪地把财宝抢劫一空。驮粮食的驴子却十分平静地向前赶路，它知道强盗对粮食不感兴趣，因此，自己会安然无恙。

强盗走后，那头驮财宝的受了伤的驴子全无刚才的神气，大叹倒霉，对同伴说："还是你运气好啊，虽然不神气，但总不至于挨刀子。"

这虽然是驴子不懂得收敛自己酿成的悲剧，但生活中的一些人不也是在幸福降临时光顾着神气，忘了在令人仰慕的背后暗藏着的险情了吗？可见，盛气凌人往往会使自己处在很不利的位置上，这实在不是明智的做法。

俗话说："江山易改，本性难移。"性格虽然难以改变，但是却可以适当收敛。张扬个性，盛气凌人既误人又误事，这种例子不胜枚举。比如，因一句无甚利害的话，性格暴躁的人便可能与人打斗，甚至拼命；又如，糊里糊涂的人因别人给自己的一点假仁假义就心肠顿软；还有很多因性格的冲动、头脑简单、不理智等而犯的过错，大则失国失天下，小则误人误己误事。这都是因为个性任意张扬，人的心智被蒙蔽。

傲慢自大，张扬个性，不会赢得别人的理解与尊敬。相反，保持一种良好平静的心态，谦逊礼让，才是克服遇事冲动、不冷静的"灵丹妙药"，才是主宰自我的根本！

2. 有荣誉不可"吃独食"

身在职场，你要时刻记住这句话——功劳是大家的，责任是自己的。你有了荣誉一定要记住与他人分享，千万不要企图独自吞食。即使你凭一己之力得来的成果，也不可吃独食。

现代社会充满竞争，当你踏入工作岗位，面临的就是同事之间的竞争。竞争的结果无非有两种，一种是它可以让你变得更优秀；另一种是你不适应这种竞争，最终被淘汰出局。对于一个刚参加工作的人来说，也许对公司的一切都一无所知，这就需要你去发现，去了解周围的同事。同时，周围的人们也在注视着你，这是肯定的，要想立足，首先就是要用竞争的姿态去适应工作环境。但是，不要因为竞争而丧失友谊，这需要你有个良好的尺度去把握。

谁都希望自己与荣誉和成功联系在一起，但是，如果你无视别人，就很难在职场立足。因此，不要感叹上司、同事和下属的度量狭小！其实造成最后这种局面的根源还是在于你自己。在享受荣誉的同时，不要忽略别人的感受。其实每个人都认为别人的成功中总有自己奉献的一分力量，而你却傻乎乎地独自抱着荣誉不放，别人当然不会为你如此自私的做法而感到舒服了。

美国有个家庭日用品公司，几年来生产发展迅速，利润以每年10%~15%的速度增长。这是因为公司建立了利润分享制度，把每年所赚的利润，按规定的比例分配给每一个员工，这就是说，公司赚得越多，员工也就分得越多；员工明白了"水涨船高"的道理，人人奋勇，个个争先，积极生产自不用说，还随时随地地检查产品的缺点与毛病，主动加以改进和创新。

当你在职场上小有成就时，当然值得庆幸。但是你要明白：如果这一成绩的取得是集体的功劳，离不开同事的帮助，那你就不能独占功劳，否则其他同事会觉得你抢夺了他们的功劳。

老王是一家出版社的编辑，并担任该社下属的一个杂志的主编。平时在单位里上上下下关系都不错，而且他还很有才气，工作之余经常写点东西。有一次，老王主编的杂志在一次评选中获了大奖，他感到荣耀无比，逢人便提自己的努力与成就，同事们当然也向他祝贺。但过了一个月，老王却失去了往日的笑容。他发现单位同事，包括他的上司和属下，似乎都在有意无意地和他过意不去，并处处回避他。

后来，老王才发现，他犯了"独享荣耀"的错误。就事论事，这份杂志之所以能得奖，主编的贡献当然很大，但这也离不开其他人的努力，其他人也应该分享这份荣誉，而现在自己"独享荣耀"，当然会使其他的同事内心不舒服。

上帝给了人两只手一张嘴，意思是要人多做事少说话，但有些人还是喜欢用嘴而不喜欢动手。无论在何时何地，你总能看到一些高谈阔论的人。他们总想炫耀自己的才能多么出众，如果能按他的计划实行，必然能成就一番大事。这些人滔滔不绝，在自己幻想的领域里如痴如醉。然而，在旁人看来，那是多么可笑和愚蠢啊。

所以，当你在职场上有特殊表现而受到肯定时，一定不能独享荣誉，否则这份荣耀会为你的职场关系带来危险。当你获得荣誉后，应该学会与其他同事分享，这就是正确对待荣誉的方法：与他人分享、感谢他人、谦虚谨慎。

在职业生涯中，当你的工作和事业有了成就时，千万记得不要吃独食。要让自己拥有团队意识，摒弃"自视清高"的作风，培养"众人拾柴火焰高"的职业意识。只要注意到这一点，你获得的荣耀就会助你更上一层楼，你的人际关系也将更进一步。

3. 恃才傲物，必然会四处碰壁

古人说："君子要聪明不露，才华不逞。"如果一个人总是喜欢显露自己的才干，稍有名气就到处扬扬得意地自夸，喜欢被别人奉承，那么他必然会遭受很多的挫折。所以在现实生活中，当我们处于被动境地时一定要学会藏锋敛迹，千万不要把自己变成对方射击的靶子。

聪明、有才华是好事，这是事业成功的资本，但是如果你把这当作向别人炫耀自己的资本，过分外露自己的聪明才华，那么终究会得不偿失，甚至会导致你人生的失败。

三国时的祢衡，恃才傲物，"见不如己者不与语"，走到哪里都希望得到别人的尊重，如果稍有不逊，便破口大骂。不过，祢衡的朋友孔融非常看好祢衡，在曹操面前力荐祢衡。

一天，祢衡来到曹营，以为曹操会对他施大礼，让高座，敬重三分，没有想到曹操对他的态度与一般谋士并无二样。祢衡觉得自己没有受到应有的礼遇，于是便要为自己讨个说法。他在曹操面前把魏军中机智过人的谋士、勇不可当的将军都贬得一文不值。祢衡视别人为无用之物，却吹嘘自己"天文地理，无一不通；三教九流，无所不晓；上可以致君为尧、舜，下可以配德于孔、颜。岂与俗子共论乎！"

对这个目空一切的狂徒，曹操当然不会收留。于是就强行把祢衡押送到荆州，送给荆州牧刘表。在刘表那里，刘表算是很看重他，给予了上宾的待遇，并让祢衡掌管荆州官府所有的文件材料，但祢衡却因为自己的高傲，对刘表左右的人很是不客气。最后弄得怨声载道，所有的人无一不被祢衡羞辱过。于是纷纷在刘表的面前说祢衡坏话，刘表只好让他走人。刘表知道江夏太守黄祖性格火暴，肯定容不下祢衡这样的人，就让祢衡去黄祖那里工作。

祢衡曾经和黄祖的儿子黄衡结交相识。这次祢衡就跟着黄衡来到江夏，黄祖也是久闻其才，让祢衡出席一些宴会。可是没几次，祢衡的老毛病又犯了，见谁都不顺眼，见谁骂谁，而且在宴会上对黄祖来了个全面的批判。这次，黄祖没有容忍他的狂妄，让手下人一刀结果了他的性命。

有才华的人是让人羡慕的，才华是你的终身财富，但把这才华用作傲人的资本就不能说是一件好事了，要深知人外有人，天外有天，恃才傲物如同炫耀一般终究遭人厌恶。俗话说得好："聪明反被聪明误。"

现实生活中，很多人就是因为急于表现自己的才智，希望得到认可，然而却不知，正是因为如此才导致他们四处碰壁、举步维艰的。

杰克年纪轻轻就成为了一家银行的老板，并通过自己的努力，使银行各方面的业务都成了同行业里面的佼佼者，吸引了一大批储户，市场的投资回报率竟达到了36%。这让杰克颇为自傲，扬言要在3年内把储户数量再翻一番，同时还嘲笑其他银行没有竞争力，早晚要破产。

杰克的不可一世惹来了同行的愤怒，于是有几家银行就联合起来，他们筹集了上百万美元资金，然后在杰克的银行办活期存款，开了几百个户头。随后他们约定了时间，这些储户在一个月后同一时间集体去提款，在杰克的银行大厅里排起了长长的队伍。在排队伍的同时，他们还在外面大放谣言，说杰克的银行资金发生问题，从而引起别的储户的恐慌，纷纷向该银行提款，一时间，银行里挤满了提款的人。结果，杰克的银行因无法兑现只好宣告破产。

人不可没有傲骨，但绝对不能有傲气，骄傲只会让你成为众人厌恶的对象。自信是好事，但是过分地自我感觉良好则是一种无知，很可能导致名誉扫地；才高也是好事，但如果处处显摆、自以为是就会伤人伤己；权重也是件好事，但如果骄傲自大，盛气凌人，远离群众，则惹人厌烦。所以，无论何时何地，都应该谦逊低调，放低姿态做人。

任何一件事情都需要从两个方面来考虑的，拿炫耀来说，原本是为了得到认可，结果却遭到排斥。那么就不妨从相反的角度来考虑：放弃炫耀，低调一些。尽管这不能满足你一时的虚荣，但却不会给你带来任何坏处。总的来说，这才是获取最大收益的处世之道。

真正聪明的人懂得待时而动，自己的才华与锋芒平时都含而不露，当需要时，适时地显露自己的才华，成就一番事业，在成功后懂得急流勇退，舍得功名利禄，所谓"花要半开，酒要半醉"，当你志得意满时，决不可趾高气扬，目空一切，不可一世，要战胜盲目骄傲自大的病态心理，凡事不要太张狂，太咄咄逼人，让才华含而不露，适可而止，有所节制，在有效地保护自我后，又能充分发挥自己的才华，这是做人的一条重要原则。

4. 做人大忌，就是得意忘形

古往今来，凡是能够建立功业成就功勋的全都是谦虚的人，那些执拗固执、骄傲自满的人往往与成功无缘。

三国中曹操败走华容道，虽然是败军之将，却对诸葛亮的军事才能百般嘲笑，结果全都落入孔明套中，这时才羞惭万分，要不是关羽为报答恩情放他一马，恐怕曹操就死于赤壁的硝烟中了。

古话说得好："得意者终必失意。"人生在世，无论什么时候都要内敛，学会谦虚。

有一位满腹经纶的学者，不远千里去拜访一位作家。作家在桌上准备了两只斟满茶水的杯子，然后坐下，开始讲解人生的意义。

这位学者听着听着，觉得其中某些话似曾相识，好像也不是什么高深的理论。于是认为这位作家不过是浪得虚名，骗骗一般凡夫俗子而已。

学者越想越觉得心浮气躁，坐立不安，不但在作家的讲道中不停地插话，甚至轻蔑地说："哦，这个我早就知道了。"

作家并没有出言指责学者的不逊，他只是停了下来，拿起茶壶再次替这位学者斟茶，尽管茶杯里的茶还剩下八分满，作家却没有把杯子里的茶倒出，只是不断在茶杯中注入温热的茶水，直到茶水不停地从杯中溢出，流得满地都是。这位学者见状，连忙提醒作家说："别倒了，根本装不下了。"

作家听了放下茶壶，不温不火地说：“是啊！如果你不先把原来的茶杯倒干净，又怎么能品尝我现在倒给你的茶呢？”学者恍然大悟，惭愧不已。

做人大忌，就是得意忘形。纵观历史，凡得意忘形者，必没有好结局。得意忘形是摧毁心智的一把利器。

不知你是否注意到，日常生活中，人们习惯于谈论自己最高兴、得意的事。但事实上，你怀有最大兴趣的事，有时很难引起他人热烈的响应，而且还让人觉得好笑。

“那一次的纠纷，如果不是我给他们解决了，不知还要闹多久，你要知道他们对任何人都不放在眼里，不过当着我的面他们就不敢含糊了。”即使这次纠纷确实是因为你的调解解决了，可是一句“当时我恰巧在场就替他们调解了”，不是更让人敬佩？一件值得称道的事，被人发觉之后，人们自然会尊敬你。但假如你自己不讲究技巧，一味地夸夸其谈，所得到的效果，必然是遭到大家的蔑视、嘲笑或嗤之以鼻。

法国大哲学家罗斯弗柯说：“圣人谈话，如果把自己说得比对方好，便会化友为敌，反之，则可以化敌为友。”

1858年，林肯到伊利诺伊州南部去演讲。我们知道林肯是主张解放黑奴的人，而伊利诺伊州南部的人民，思想正和林肯相反，他们憎恨反对黑奴制度的人，正如他们好斗酗酒一样。当他们听说林肯要去演说，就预备闹乱子，想把林肯赶出当地，而且还想把他杀死泄愤。

林肯早已经知道在这个地方演讲是很危险的，然而，他说：“只要他们肯给我一个说几句话的机会，我就可以把他们说服！”他在开始演讲之前，亲自去会见对方的头目，并且和他们热烈握手。

然后，他用温雅的态度，作一篇妥善演说。这篇演说极为有名，讲话的声音也十分的谦逊恳切，因此，一场即将发生的险恶波涛，变得风平浪静。他们本来仇视他，现在反把仇视变成了友谊，而且对他的演说，还以怒涛般的鼓掌。后来，这群粗鲁的人，还成为林肯竞选总统时最热烈支持的群众呢。

对于谦逊，我们还要指明一点的是：在这个现实的世界，如果你有好的道德与才能，却没有人知道，那也不会得到很好的回报。这不仅是在欺骗自己，也是在欺骗别人，更会埋没自己的功绩。所以，过度的谦虚并不是一种可取的美德。

谦逊与恰当的自我标识相结合，也是一个人获得成功的途径之一。古人说："谦恭有度"，讲的是君子的情操和待人接物的态度。君子待人要谦虚，对待长辈更要恭谦有礼，但也不可谦虚过度，如果太谦虚太礼让，矫揉造作，虚伪狡诈，也会给人留下华而不实的印象，这就是过犹不及的道理。因此谦让要有度，要做到十分恰当。

5. 放下"身架"才能提高"身价"

在平常的生活中，我们总是能看到这样一些人，他们爱摆"身架"，显示出自己的与众不同，哪怕自己只是当了不起眼的一个小官，也要官腔十足。而且他们不管做什么事情都会装模作样，好像自己威风无比、唯我独尊。然而，他们不知道，自己的"身架"摆得越大，在别人心目中的"身价"就越低。

乔治·华盛顿是美利坚合众国的第一任总统。他正是靠着他那平易近人的领导风格来赢得千万美国人的尊重和拥戴的。华盛顿虽然是个伟人，但他若在你面前，你会觉得他普通得就和你一样，一样的诚实、一样的热情、一样的与人为善。

有一天，他穿着一件过膝的普通大衣独自一人走出营房。他的低调让遇到的每一个士兵都没有认出他。当来到一条街道旁边时，他看到一个下士正领着手下的士兵筑街垒。那位下士双手插在裤袋里，站在旁边，对抬着巨大水泥块的士兵们喊道："一、二，加把劲！"但是，尽管下士喊破了喉咙，士兵们也经过了多次努力，但还是不能把石头放到预定的位置上。他们的力气几乎用尽，石块眼看着就要滚下来。这时，华盛顿疾步跑到跟前，用强劲的臂膀，顶住石块。这一援助很及时，石块终于放到了位置上。士兵们转过身，拥抱华盛顿，表示感谢。

华盛顿转身向那个下士问道："你为什么光喊加把劲却不帮一帮大家呢？""你问我？难道你看不出我是这里的下士吗？"那下士背着双手，霸气十足地回答道。

华盛顿笑了笑，然后不慌不忙地解开大衣纽扣，露出他的军装："按衣服看，我就是上将。不过，下次在抬东西的时候，你也可以叫上我。"那个下士这时候才明白自己遇见的是谁，顿时羞愧难当。

人的所谓"身架"是一种"自我之认同"，不是缺点。但这种"自我之认同"也是一种"自我之限制"，也就是说，"因为我是这种人，所以我不能去做那种事"。所以，自我认同越强的人，自我限制也越厉害。而放下"身架"，就是做到为人处世、与人交往、待人接物时谦虚低调。"君子贵人而贱己，先人而后己。"百米赛跑，不低下身子就不能蓄势，拉板车上坡，不弓下腰就用不上劲，做人亦是如此，为人虚心，放下架子，才是关键。

如果要想在当今社会上走出一条路来，那么就要放下身架，也就是放下你的学历，放下你的家庭背景，放下你的身份，让自己回归到"普通人"中。同时也不要在乎别人的眼光和批评，做你认为值得做的事，走你认为值得走的路。

俗语"猪'大'了值钱，人'大'了不值钱"，说的也就是这个道理。"身架"与"身价"，既能给人带来荣耀，也可能会毁掉一个人的声名。昔日，三国的刘备若无"三顾茅庐"的求贤之举和平时礼贤下士的谦恭姿态，而是以"皇叔"的身份高高在上，就不会有三国争雄的故事。身份和地位越高的人，越要把自己的"身架"放下，只有这样才能赢得追随者的敬重和信赖。

只有放得下你的"身架"，你的思考才会富有弹性，才不会有刻板的观念，而能吸收各种资讯，形成一个庞大的资讯库；只有放得下你的"身架"，你才能比别人早一步抓到好机会，也能比别人抓到更多的机会，因为你没有身架的顾虑；只有放得下你的"身架"，你才会在未来的人生道路上披荆斩棘，让你的"身价"倍增。所以说，即便你能力再强、水平再高、头衔再多、人际再广，只有放下你的"身架"才可能真正提高你的"身价"。

放不下身架，就像是高高在上的酒杯，就是酒壶里有再多的好酒，也倒不进去，变成浪费。放下身架并不是比人矮一截，而是用谦卑和真诚，去真正学到东西。泰戈尔说过一句非常经典的话："当我们开始谦卑的时候，便是我们接近于伟大的时候。"难道不是这样吗？大海之所以成为纳百川的大海，正是因为它肯放低身架，所有的河流才能顺利进入它的怀抱。

6. 感恩批评，重视自我批评

别人对我们的规劝，包括社会对我们的规劝从来就不少，我们自己许多时候也都知道应该如此，可惜往往却不能按照规劝去做，究其原因，还是缺乏足够的自我控制能力，也就是缺乏足够的自我修养和理性约束能力。一个人会因为别人的赞美而飘飘然，甚至分不清哪些是真心的，哪些是虚假的；哪些是对自己成绩的肯定，哪些是对自己的鼓励。不能够正确对待赞美，那是很容易迷失自己的。

古语有云："花无百日红，人无千样好。"的确，人并非十全十美，每个人都有缺点，都有短处。因此我们应正视自身的弱点，并积极寻求克服缺点的方法。但是，并不是所有的短处都会暴露在我们的视角下，有一些则是被你身边的人所发现，他们会有意无意地提醒你，督促你克服缺点。

这正应了孔子说的另一句话："良药苦口利于病，忠言逆耳利于行。"忠言大抵逆耳，不讨人喜欢，让人听起来觉得不舒服，但尖锐的批评，衷心的劝告，实际上是爱护人的一种表现。着眼于"帮"，正如好药往往味苦难吃，但能治病一样，批评是提醒、是警示、是良药，对改正缺点错误很有好处。从某种意义上讲，批评包含一定的"治病救人"的性质。

在历史上，不听忠言而失败的例子不在少数。

三国时，刘备急于给关羽、张飞报仇，不理会诸葛亮、赵云等人的劝阻，贸然进攻东吴，而被陆逊"火烧连营七百里"，大败而归；袁绍不采用手下谋士的意见，一意孤行，导致了"官渡之战"的惨败；"发明大王"爱迪生，由于晚年不听别人的批评而一事无成……

由此可见，能够正确听取别人的意见是至关重要的。

有的人一听到别人的批评意见，就觉得如芒在背，也不管批评的对与错，便认为批评者是存心跟自己过不去。"涵养"好一点的，是在"诚心接受"批评之后，念念不忘给批评者"穿小鞋"；"涵养"不好的，则免不了当场发作，与批评者针锋相对。这样时间长了，批评者就会变得"世故"起来，批评的声音也会日益衰弱下去。

闵公元年，管仲向齐桓公进谏："宴安鸩毒，不可怀也。"原来齐桓公爱姬甚多，常在后宫饮酒作乐，管仲见了很担心，就把酒色比做鸩毒，劝诫齐桓公勿进醇酒妇人。齐桓公虽然有很多问题，但由于有管仲辅佐治国，对管仲的批评也能接受，才使齐国成为春秋五霸之一。可事情在管仲去世后，发生了变化。

管仲死前齐桓公去看望他，并问他："仲父病成这个样子，有什么话要和寡人说吗？"管仲劝他离易牙、竖刁、常之巫这些人远点。

齐桓公说："易牙把自己的宝贝儿子煮熟了让我尝鲜，这么忠心耿耿的人还值得怀疑吗？"

管仲说："人之常情，谁不疼爱自己的孩子？既然他可以忍心烹杀自己的儿子，那么将来对你，还会有什么不忍心的事情不能做呢？"

桓公又问道："竖刁把自己阉了以亲近寡人，这样的人也值得怀疑吗？"

管仲回答道："按人之常情来看，没有不爱惜自己身体的。能下狠心把身体弄残了，那么对国君又有什么下不得手的呢？"

桓公又问道："常之巫知道人的生死，能治重病，这样的人也值得怀疑吗？"

管仲回答道："死生，是有一定的；疾病，是人体失常所致。主君不顺其自然，守护根本，却完全依赖于常之巫，那他将对国君无所不为了。"

桓公又问道："卫公子启方，侍奉寡人15个年头了，他父亲死时都不肯离开寡人回去奔丧，这样的人也值得怀疑吗？"

管仲回答道："按人之常情来说，没有不爱自己生身父亲的。他父亲死了都不肯回去，那对国君又将如何呢？"

管仲死后，齐桓公开始时还记着管仲的劝告，将这些人赶出了宫外，可是后来非常不习惯没有这些人的日子，又将他们接回来了。从此齐桓公将管仲的劝告置之脑后，重用易牙、竖刁等人。这些人投其所好，阿谀谄媚，齐桓公在他们的奉承下，上进心尽失，政治渐渐腐败，他自己还觉得没有不妥，说："仲父的话是言过其实了。"

齐桓公生病的时候，这几个人一同叛乱。他们在桓公寝室四周筑起一道围墙，禁止任何人入内。这时，桓公哭得鼻涕横流，感慨道："唉！还是圣人的眼光比我们远大呀！若是死者地下有知，我还有什么脸面去见仲父呢？"说罢，自己扬起衣袖捂住脸部，气绝身亡，死在寿宫。尸首无人理睬，以致腐烂发臭，蛆虫爬出门外，上面只盖一张扇，3个月没人安葬。从此，齐国的霸业也骤然衰落了。

齐桓公的死可以说是他自己一手造成的，他的悲剧提醒人们，如果听不到批评意见，听不进难以入耳的忠言，就认识不到错误，察觉不了灾祸，无法提醒、鞭策自己，是件很危险的事；整天被赞扬的话包围，赞美之词不绝于耳，就像喝含有"鸩毒"的美酒一样，听多了就会丧失警觉，削弱自己发奋上进的精神，沉湎在自我陶醉的深渊中，积羽沉舟，最终毁了自己。

《周易·小过》中有："弗过，防之，从或戕之，凶。"意思是，不要过分指责，但要防止错误发展。倘若放任不管，就是害他，是很凶险。所以自己有了错误一定不要放任，即使只是很小的错误，听得进身边人的意见对发现错误就显得尤为重要。

唐太宗就是这样对待批评的。他称帝后居安思危，任用贤良，励精图治，缔造了我国封建社会持续近30年的太平时期，史称"贞观之治"。唐太宗认为，"兼听则明，偏信则暗"，所以鼓励臣下进谏，扩大谏官职权，凡诏令不妥当须奏明，不得阿从。

太宗时常以隋朝覆没教训作为警示，提醒自己知危而安，知乱而治，知亡而存。有一次，他对大臣们说："人要看到自己的形象得照镜子，皇帝要想知道自己的过失得靠忠臣。如果皇帝拒绝群臣进谏而且自以为是，群臣用阿谀奉承的办法顺着皇帝的心意，皇帝就会失去国家，群臣也不能自保！像虞世基等为了保住自己的富贵用谄媚的办法侍奉隋炀帝，隋炀帝被杀，虞世基等也被杀了。你们应该记住这个教训，我做的事情当与不当，你们一定要说出来。"特别是在对待喜欢直谏的魏征时，唐太宗更体现出了自己善纳忠言的勇气。虽然魏征原是太子李建成的僚属，但唐太宗却不计前嫌，任他为谏官，允许直接询问政事得失，而且爱护备至。

魏征曾上疏数十次，太宗均虚心纳谏、择善而从。后来魏征死了，他伤心地说："人以铜为镜，可以正衣冠；以古为镜，可以见兴替；以人为镜，可以知得失。魏征殁，朕亡一镜矣。"

虽然批评意见有时"带刺"，令人难以接受，但它含有品评、判断、指出好坏的特点，带有激励、教导、鞭策的愿望，以使人反思、克服和改正错误的思想行为，有利于克服个人认识的片面性，最后起到积极的作用。因此，我们不但要感恩批评，还要重视自我批评。

7. 别许下你无法兑现的承诺

办事要量力而行，不要做"言过其实"的许诺。因为，诺言能否兑现除了个人努力的问题，还有一个客观条件的因素。平时可以办到的事，由于客观环境变化了，一时又办不到，这种情形是常有的。

有一个年轻人在银行工作。他过去的老师想开一家公司，却缺少资金，便去问他能不能帮忙贷款。他想："这是老师第一次找自己帮忙，怎么能拒绝呢？"当即一口答应。可是，他毕竟刚参加工作不久，还没取得说话的资历，老师的贷款请求又不完全合乎规章，所以，当老师租好门面，请好员工，等着资金开业时，他这里却拿不出钱来，搞得很被动。老师大怒，责备他说："你这不是捉弄我吗？你即使不想帮我，也不该害我！"他只能苦笑而已。

红顶商人胡雪岩曾经有过一个承诺20多年后才兑现的事情：

那时胡雪岩用信和钱庄的外债，收回后资助王有龄去京中捐官。这等于是断了自己杭州的生路，于是，他去投靠上海一位从小一起长大的朋友，试图在上海谋条路子，同时也兼学生意。

刚到上海，却发现这位朋友已经由于家乡有紧急事情，回到浙江绍兴去了，别人告诉他不会等很久，这位朋友就会回来的。于是胡雪岩找了一家小客栈住了下来，这家小客栈就是"老同和"。谁知这一等就等了10天，人没等到，盘缠用光了，只好在小客栈里苦熬日子，囊中无钱，一筹莫展，只好闭门不出。

但客栈钱好欠，饭却不能不吃。他每天都在"老同和"吃饭，先是一盘白肉，一大碗血汤，再要一样素菜。后来减掉白肉，一汤一素菜，再后来大血汤变成黄豆汤，最后连个黄豆汤也吃不起了，买两个饼，弄碗白开水就算一顿饭。

这种日子过了有七八天，实在过不下去了。头晕眼花，倒还在其次，心中慌得很，那种滋味真不是人受的，好像马上就要大祸临头。于是这天发个狠，拿一件夹线长袍子当掉后，头一件事就是到"老同和"去"杀馋虫"，但仍旧是白肉、大血汤和一样素菜。

吃饱后付账，回到客栈，忽然发现当票弄丢了，这样以后即使有钱也赎不回来了。胡雪岩当时倒并未如何在意，丢了就丢了，到以后有钱做件新的也一样，但第二天，却有人将当掉的那件长袍子送到了胡雪岩的住处。一番交谈后，胡雪岩非常感动。

原来当时老板的女儿阿彩，由于在前堂招待客人，天天见胡雪岩来吃饭，是大血汤和白肉，后来只有大血汤，再后来变成黄豆汤，这天忽然发现和原来一样，但身上却变成了"短打"。后来胡雪岩付账时，将长袍当票掉在地上，晚上打烊时被店里伙计阿利发现，送交账台阿彩。阿彩于是悄悄将长袍赎了出来，关照阿利送回。

胡雪岩了解到事情经过，便托阿利给阿彩带了句话：代我谢谢你们阿彩，她替我垫的钱，以后会加利奉还。从此也就没有再见阿彩的面。

在以后的几年里，胡雪岩也曾想起要还款，但不便对人说明缘故，办得不遂。此后想起来，不是时间不对就是辰光不对，这件事情就这样搁下了，直到胡雪岩的生意濒临危险，胡雪岩到上海与古应春商量办法，正事谈完到夜市逛逛。偶然中，胡雪岩踏进了"老同和"的门。

"年年岁岁花相似，岁岁年年人不同"，真是物换星移转头空啊。阿彩，这位当初站账台招待客人的姑娘家，如今已成"老同和"的老板娘，平时再也不会出来待奉客人了。

当年的伙计阿利是现在老同和的老板，他入赘，成了阿彩的丈夫，膝下一子一女，当时阿利阿彩正准备将"老同和"翻造，因要修马路，老同和房子前面要削掉一半，平房改建成楼房。若要造得好一点，将老同和后面的一块地皮买下来，方方正正成格局，要用到1500两银子。盖成之后，老店新开，重起炉灶这笔本钱也要1500两银子。

夫妻俩正为此发愁，胡雪岩问明了情况，决定一定要好好为这事帮上一把。按着他的性格，原想帮阿利"老店新开"弄得轰动一下，但想一下当时自己的处境，自嘲地摇一摇头，最后叫古应春带3000两银子的汇票给阿利，再叫古应春去跟阿彩谈一番，告诉她事情的前因后果。一路做下来，胡雪岩和古应春二人都觉舒畅，胸怀不禁为之一宽。

正因为有当时的许诺，胡雪岩始终未敢忘记这件事，终于碰上了兑现诺言的机会，将过去的一桩小事引起的承诺实现了。

胡雪岩的做法不仅仅适用于商业领域。在任何情况下，如果你已经许下诺言，那不论发生什么事情，你都不能反悔。假如你已经做出了某个承诺，而你却言而无信，最终将导致糟糕的局面。

《郁离子》一书中有如下一则故事：济阳某商人过河船沉遇险，他拼命呼救，渔人划船相救。商人许诺：你如救我，我付你100两金子。渔人把商人救到岸上，商人只给了渔人80两金子，渔人责怪商人言而无信，商人反责渔人贪婪。渔人无言走了。后来，这商人又乘船遇险，再次遇上渔人。前次救商人的渔人对旁人说：他就是那个言而无信的人。众渔人停船不救，最后商人淹死在河中。

这就是轻诺寡信或言而无信的后果。如果承诺不能兑现，就会失去对他人的影响力。更大的损失是，下次你说的话，做的事，即便是真心实意踏踏实实做下来的，别人也会在心里给你打个折扣。

要获得守信的形象并不容易。最要紧的一条是：别答应你无法兑现的事。这不仅是一个主观上愿不愿意守信的问题，也是一个有无能力兑现的问题。一个人经常答应自己无力完成的事，当然会使别人一次又一次失望了。

我们在这里强调不要轻率地对合伙人做出许诺，并不是一概不许诺，而是要三思而后行。尽量不说"这事没问题"之类的话，给自己留点儿余地，顺口的承诺，只是一条会勒紧自己脖子的绳索。

第七章

好好说话，多绕个弯子少碰个钉子

◈

在许多场合，有一些话不好直说，不能直说，也无法明说……不妨绕弯子，以含蓄暗示的方法说出来，不伤面子，不让人尴尬，还不给自己制造麻烦。

1. 诚实不等于口无遮拦

凡是吃过亏、栽过跟头的过来人都喜欢说这样一句话："忠厚是无用的别名。"也许太刻薄了一点，但如果我们仔细想一想，就会发现这句话绝不是空穴来风，更不是教人作恶的不良言辞，而是无数过来人在屡屡碰壁之后，归纳总结出的人生警句——他们都曾为此付出巨大的代价。

让我们假设一下，如果你过于忠厚和坦率，别人套什么话都——作答，等你明白被人利用了，后悔也已经来不及了。

安佳是一家广告公司的中级职员，在公司她有一个非常好的同事兼朋友叫陈曼，而且平常有什么话她都喜欢对陈曼说。每逢周末她们还经常相约出来玩，彼此相处得非常融洽。

有一次，安佳跟一个同事一起接待一个客户。中途的时候，那个客户塞给了这个同事一个纸包，说是"慰劳费"。同事当时虽然犹豫了一下，但是也没说不要，最后走的时候还是顺便把那包东西收到了包里。同事出来后，示意她不要将这件事说出去，因为这在公司的条例里面是大忌。

这件事过去以后，安佳也没有再提。有一次，安佳和陈曼一起聊天，无意中聊到那位同事。陈曼说："他的业务能力的确不错，还经常赢得客户的褒奖。"安佳接着话头就说："是呀，作为一个业务，还有客户给慰劳费，的确是不简单。"话一出口，安佳知道失言，但陈曼开始盘问起细节来。

安佳起初并不想说，毕竟公司有明文规定，私下收取客户礼金一经发现，绝对是开除，而且自己也答应了那个同事。可是经不住陈曼的一再追问，于是，她把那天的事情都说了出来，并且反复对陈曼说不要告诉别人。

结果上班的第二天，那个同事就被经理叫了过去。原来陈曼为了自己能够博得经理的信赖与提拔，把安佳说的话全部告诉了经理。结果，同事被勒令辞退，临走的时候，他还恶狠狠地说安佳真是一个卑鄙小人。

很多时候，轻易相信别人，反而容易上当。所以我们在说话时应当谨慎，以便给自己留一分可以后退的空间。

世界总有人心险恶的一面，我们要懂得把握分寸。如果总是怀疑一切，拒人于千里之外，说明你不够坦诚；但如果不管对方是什么人，都傻呵呵地跑过去掏心窝子，一厢情愿地以为会收到对方善意的回应，这就只能说你相当幼稚了。

（南朝）宋文帝刘义隆是个忠厚坦诚的长者，平易近人，为人大度，深受百姓们喜爱。在其晚年的时候，太子刘劭急于篡权，把文帝的玉像埋在含章殿前，诅咒他快死，好快点继位。刚开始，宋文帝蒙在鼓里不知道。但是不久，刘劭的奴仆陈天兴与婢女王鹦鹉私通被发现，让刘劭给杀掉了。与他一起埋文帝玉像施行诅咒的太监陈庆国吓坏了，误以为自己肯定也要被灭口，就向文帝坦白告发了事情的真相。

文帝得知以后，又惊又气，派人搜查王鹦鹉家，获得太子的罪证。当夜，文帝与尚书仆射徐湛之密谋，准备废太子，还要赐死太子的同党小王爷刘浚。

眼看两个阴谋家就要完蛋了，因为皇帝只要一下令，这个局面也就定了。可是，这个轻而易举的胜局，竟然坏在皇帝自己身上。胸无城府的宋文帝一时晕了头脑，把此事一五一十地告诉了潘淑妃。潘淑妃是小王爷刘浚的养母！她爱子心切，秘密通知小王爷刘浚。刘浚马上派人速报太子刘劭。他们连夜起兵，进入皇宫，把文帝给杀了。

如果宋文帝能事先想想潘淑妃与刘浚的关系，以及刘浚与太子的交情，参透其中的利害，又怎会轻易泄露这么重要的机密呢？所以，仁慈诚实可以，但切莫在任何关键问题上都胸无城府、毫无戒备。

我们在说话做事之时，一定要看清对方是谁，了解他是什么性格，平时做事的特点是怎样的……比如做生意，你不弄清合伙人是什么人，不十分了解他的用意，然后就将客户信息泄露给他，这时他就会甩开你，直接去跟客户做生意。

诚实与愚蠢之间的区别就在于此。这要求我们对待不同的人，说话做事一定要有区别！

2. 学会说善意的"谎言"

某项社会调查显示，如果一个人能够在工作和生活中保持实话实说的态度，那么他人的评价会集中在随和、亲切等积极的方面；反之，如果一个人总是谎话连篇，那么他人对他的评价往往是有隔膜、有距离感、缺乏必要信任。

　　然而，话虽这么说，但说实话也是需要讲究方法、场合的。很多时候，你的实话实说不但不会让你赢得别人的信任和好感，好心也会被当成驴肝肺。因此，与人交流时，不要以为内心真诚便可以不拘言语，其实生活中需要些善意的谎言，我们应学会委婉地表达自己的观点，做个受欢迎的人。

　　出于人性的必然，每个人无论处在何种地位，也无论是在哪种情况下，都喜欢听好话，喜欢受到别人的赞扬。的确，工作很辛苦，能力虽然有大有小，毕竟是尽了自己的一分力量，当然希望自己的努力得到他人和社会的承认；虽然每个人的形象各异，思想各异，但是没有人喜欢听到别人对自己说"你的形象不佳，不太适合学表演""你的思想太落伍了"。

　　会处世的人，即使觉得他人干得不好，不适合做什么，也不会直言相对；那些忠直的人，此时也许要实话实说，但这会让人觉得你太过鲁莽直率，容易得罪人。

　　生活中，有时候还是需要点"谎言"的，因为实话不一定受欢迎。

　　比如同事甲认为同事乙的衣服难看，便马上对她说："腿短而粗的人不适合穿这种裙子。"结果，乙脸一红，扭头便走，留下甲发愣。或者甲当着公司经理的面指点丙说："你的稿子里错别字很多，以后要仔细些。"实话固然是实话，但不久却隐约有人传言，甲惯于在上级面前打击别人，抬高自己……倘若如此，甲恐怕会意识到自己的真诚并不那么受人欢迎。既然这样，当初又何苦直言呢？

　　怎么做才会既表达出我们的真实感受，又不伤害别人呢？正确的思路是：先要学会"顺情说好话"。

　　其实，现实生活中经常见到"说谎"的人，比如朋友让你看一下他新买的衣服，明明你不喜欢，但是如果你说不好看，只会打击他的自尊心，于是你只好说："很好看，并且非常适合你。"

同事做了一个项目，明明非常普通，他还要拿到经理那里去夸耀一下。为了不让他去丢人，你如果说："你的这个项目一点创意都没有，还是不要给经理看了。"这样，势必让他对你产生反感。于是你只好说："很不错的想法，不过，最好先自己修改一下，再拿给经理看也不迟。"

一个相貌平平的朋友，非要去参加选美，如果你直接阻止她，她不但会认为你不懂欣赏她的姿色，反而会觉得你根本就是在嫉妒她。所以你只能说："你的形象很好毋庸置疑，但是选美还会涉及其他很多方面，你最好再考虑一下。"

所以说，真诚并不等于不假思索地将自己的感觉和想法说出来。很多时候，你的想法是否正确也尚是一个需要判断的问题。在日常生活中，人们对事物的看法都属仁者见仁，智者见智，本无所谓对错，比如个人的衣食住行、穿衣戴帽、兴趣爱好，等等。如果你仅仅以个人主观喜好来评判一个人的想法、态度或者行为，那么，你的实话实说只会让别人对你产生不好的印象。

3. 你的隐私最好留给你自己

《道德经》中有这么一句话："鱼不可脱于渊，国之利器不可以示人。"如今却有许多人，特别喜欢在别人面前卖弄自己，装腔作势，以为这样就会比别人能力高强。殊不知，越是卖弄，越是向别人全盘展露自己，就越暴露出自己的无知。

轻易在别人面前暴露自己隐私和过去的人是愚蠢的，这常常使自己陷入被动、不利的境地。

李勤出差的时候在火车上遇见一位"港商"，二人一见如故，互换了名片。这位港商在举手投足之间都显示出一种贵族气质，这使李勤对其身份毫不怀疑。恰巧二人的目的地相同，而"港商"又对李勤的产品非常感兴趣，似有合作意向，李勤便与之同住一个宾馆，吃饭、出行几乎都在一起。

来之前，李勤与一客户谈成了一笔生意，取出大笔现金放在包里。为了表示对对方的信任，李勤竟把这些也告诉了对方。午饭后与"港商"在自己屋里聊天，不久李勤起身去卫生间，回来时出了一身冷汗："港商"和那个装满钱的皮包都不见了！李勤赶紧报警，几天后案子破了。罪犯被抓获后李勤才知道，原来他并不是什么港商，而是一个职业骗子。这让李勤对自己轻易相信他人、交出自己底细的做法痛悔不已。

其实，在我们的生活中，这种被人摸清底细钻了空子的事情时有发生。而"港商"的骗术仅在于他交出假心，以此诱骗你交出真心；而你却不知江湖险恶，就"实心眼儿"地什么都对他说了。所以，在这一点上我们有必要吸取教训，换一种做人态度。

有句话说"逢人只说三分话"，不是不可说，而是不必说、不该说的尽量不说，这是为了让你提高自我保护和防范的意识。

林婉和小青是一对好姐妹、好同事，两人一块吃饭、一块做事，简直是形影不离。小青性格比较豪爽，心里总也藏不住事，自己有一点小秘密她都会对林婉说。说起自己的男朋友，小青总是很得意的样子，说他长得帅，又能干，又有才，家庭条件也好，并且最关键的是对她特别好。但是，男朋友在外地上班，只有在休息的时候或者假期，他们才能见上面。

林婉见过她的男朋友几次，的确如小青说的那样，个子高，长得帅，有风度，正是林婉的梦中情人形象。于是林婉在心里对小青生出了嫉妒。

有一次，小青和男友吵了架，冷战了两个星期，为了发泄一下自己心里的怨气，她把这些都和林婉说了，最后还不忘说一句："他表面一副谦谦公子的样子，对自己的女朋友却不能低个头。"林婉是个有心计的女孩，她一听小青这么说，就知道小青的倔强意在等对方先认错。她刚好要到小青男朋友所在的地方出差，于是主动对小青提议说要不要帮她去看看她的男朋友。小青虽然豪爽，却也单纯。为此，她非常高兴地买了礼物让林婉帮忙带去。

之后，林婉便经常借机和小青的男朋友接近。因为知道是小青最好的姐妹，小青的男朋友也并没有在意。但是时间长了，两人都对对方产生了感情。等到小青知道，一切都已经晚了。小青非常后悔自己的大意，但是却于事无补，只能与自己的密友一刀两断。

即便是一个亲密无间的好朋友，该保留的还是要保留。否则，你视别人为知心朋友，把老底全都抖给对方，他却因此而小看你，算计你。所以说，在待人处事中，切记做到"逢人只说三分话，未可全抛一片心"，否则，吃亏受伤害的将是你自己。

而有些涉世不深的人往往受到一点小小的刺激或者听到称心的赞同之语，便把自己毫无保留地展现给了别人，轻易就让别人看清楚了自己的底牌，常常让自己暴露了弱点，让别人掌握了自己的把柄。

但也许有人会说，人在社会中必须交际，而交际就必须说话，如果你总是怀疑这个，防备那个，做个"装在套子里的人"，又怎么能广交朋友多铺路呢？还有，人原本也是一种情感的动物，又怎能不向别人倾诉呢？

这种问题就需要由自己来正确把握了。人在交际中，可说三分话，可试探性地交心，以有备无患的姿态开放心怀，这样，才有可能在交际中掌握主动，左右逢源，而光凭老实认真是走不通的。

所以，自古以来，凡是成功者都很少谈论自己或他人，更不会轻易就泄露自己的秘密。其实，不论做什么，我们都要见机行事，盲目匆匆地暴露自己的隐私和过去，就等于是和自己过不去；还是给自己留一点退路，给别人一点神秘感好。

4. 给面子打圆场，含而不露抬身价

社交场合，你给我面子，我也给你面子；你不给我面子，你同样会有损失。这便是人们社会交往中的游戏规则。无论恩仇，你都会得到对方的回报，这正是《礼记》中所说的"来而不往非礼也"。

与其伤了别人的面子，不如给他一个面子，让他欠你的情；要相信，他给予你的回报一定大于你给他的——滴水之恩，涌泉相报。

汉王四年，韩信平定了齐国，他向汉王刘邦上书："我愿暂代理齐王。"刘邦大怒，转而一想，他现在身处困境，需要韩信，就答应了。韩信力量更加壮大后，齐国人蒯通知道天下的胜负取决于韩信，就对他说："相你的'面'，不过是个诸侯，相你的'背'，却是个大福大贵之人。刘、项二王的命运都悬在你手上，你不如两方都不帮，与他们三分天下，以你的贤才，加上众多的兵力，还有强大的齐国，将来天下必定是你的。"

韩信说："汉王三待我恩泽深厚，他的车让我坐，他的衣服让我穿，他的饭给我吃。我听说，坐人家的车要分担人家的灾难，穿人家的衣服要思虑人家的忧患，吃人家的饭要誓死为人家效力，我与汉王感情深厚，怎能为个人利益而背信弃义。"

过了些天，蒯通又去见韩信，而且他还告诉韩信时机失去了便不再来，韩信虽有点犹豫，但想到汉王对他情深义重，正色谢绝了他。

我们姑且不论刘邦以后如何处死了韩信，但就交友而言，刘邦很成功，他能令韩信在想到背叛时心中产生愧疚，不忍去做。

通晓人情从反面讲，就是要"己所不欲，勿施于人"。如果你爱面子，那你就不要伤别人面子；你要尊重，就不能不尊重别人。"只许州官放火，不许百姓点灯"，这样离谱的事更不能去做。

项羽就是这种不懂人情的人。他虽然有"霸王"的美称，却只有霸者的习气，没有王者的风范。他自己想称王，却想不到手下的弟兄也想做官。该赐爵的时候，爵印就在他手里，棱角都磨损了，可是他还是舍不得颁发下去。

因此，与其说项羽败给刘邦，还不如说他输给了人情。

生活中也许没有很大的"人情"，但是也别小看这些积少成多的"面子"。

某个乡镇企业家，因与地方上的一名知名作家结怨而心烦，多次央求地方上的有名望的人士出来调解，对方有点文人脾气，软硬不吃，就是不给面子。

后来他的表弟来探亲，主动提出化解这段恩怨。表弟亲自上门拜访作家，做了大量的说服工作，好不容易使作家同意和解。按常理，表弟此时不负所托，完成这一化解恩怨的任务，可以走人了。可他还有高人一着的棋，还有更巧妙的处理方法。他对那位作家说："这个事，听说过去有许多有名望的人调查过，但得不到双方的共同认可而没能达成协议。这次我很幸运，你也很给我面子，让我了结这件事。我在感谢你的同时，也为自己担心。我毕竟只是外乡人，在本地人出面不能解决这个问题的情况下，由我这个外地人来完成和解，未免使本地那些有名望的人感到丢面子。"

接着他进一步说："这件事这么办：请你再帮我一次，从表面上要做到让人以为我出面解决不了问题。等明天我离开此地，本地的一些名人还会上门，请你把面子给他们，算作是成全他们的一个美举吧，拜托了。"这位作家非但没有生气，反倒觉得这人真的是一个很替别人着想的人，本来对和解还有几分勉强，这么一来他却心甘情愿了。后来作家还将其写成文章发表在杂志上。

由此可见，给人留足面子，也就是为自己铺好人脉网的基础。

当你对朋友的所作所为有意见时，劝诫的时候也要给朋友面子。你要先说，"你的某某事做得挺棒，效果、反应都不错"，然后，你再用"就是""但是""不过"等来引出后面的话。每个人都明白，这些词语后面的才是真正要说的话，但前面的话一定要说，因为它不是假话，也不是废话，而是为了营造一种和谐气氛的客气话。直来直去的语言会扫了对方的面子，让对方心中对你产生反感。所以，委婉的话少不了。如果你不能用心良苦，为朋友着想，保全朋友的面子，那么朋友脸上挂不住，自己也会弄得不好意思。

当然，给别人面子要给得恰当，不恰当就是不给面子。如果被请之人面子很大，而你又没有给他应有的待遇，则会弄巧成拙，把给面子的事情弄成了极伤面子的事情。一旦伤了人家的面子，那么，你要懂得及时补偿。

因为人人都要维护自己的面子，所以就会在社会交往中发生这样的事，两个争执的人常会找第三方来评理，让第三方给他们分个高下。

如果你遇到这种情况，这时，为了你们的友谊不受伤害，你就需要让他们平息纷争，能解决了问题最好，不能解决实际的问题，至少也要给足双方面子，不能厚此薄彼，这就是"打圆场"。"打圆场"运用得好，可以融洽气氛、联络感情、消除误会、缓和矛盾、平息事端，还有利于应付尴尬、打破僵局、解决问题。因此，"打圆场"是人际交往中人们必须具备的一种社交技能。

　　小李和小王同在办公室工作。一次，小王去市政府听报告，小李不知道，因此对小王很有意见，当面质问小王为什么不告诉他听报告的信息，两人因此而大吵起来。这时候部门领导了解吵架的原因后，对小李说："听报告没有通知你，这不是小王的错，是我没有要他通知你，因为你们两人有一个人去听报告就行了。你如果有意见就对我提吧，不要责怪小王啊。小李听后，觉得自己错了，于是主动向小王致歉，部门领导又对小王说："小李是把你当好朋友，所以才这样有什么跟你说什么，发火也不掩饰，要是换了别人，当面不说，暗地里整你不是更不好吗？"小王听了，觉得小李脾气是不好，但是为人却很坦白，有什么说什么，反倒放下心里的石头了，于是大方地接受小李的道歉，他们又和好如初。而那位部门主任在他们心里的地位更是大大提高了，小李和小王都觉得这个领导值得信赖，有亲和力。

　　无论做什么事情都有诀窍，打圆场也有打圆场的学问。归纳起来，主要有以下几点：

　　（1）揭示矛盾的症结所在，引导双方自省

　　当双方为某事争论不休，各说一套、互不相让时，作为矛盾的调解人，无论对哪一方进行过分地褒贬，都犹如火上浇油，甚至会引火烧身，不利于争端的平息。因此，此时你只能比较客观地将矛盾的真相说清楚，而不加任何评论，让双方从事实中反省自己的缺点或错误，使矛盾得到解决，达到消除误会重归于好的目的。

　　（2）将双方有争议的话题岔开，转移注意

　　如果不是涉及原则的争论，双方各执己见，那么这场争论又没有必要再继续下去，作为第三者，如果仅仅向双方力陈己见，理论一番，恐怕不会有效。这时，你不妨岔开话题，转移争论双方的注意。

（3）巧用调虎离山，暂熄战火

如果任由一些无原则的争论发展下去，它就会变成争吵，甚至大动干戈。如果双方火气正旺，大有剑拔弩张、一触即发之势，第三者即可当机立断，借口有什么急事（如有人找或有急电）把其中一人支开，让他与另一个人暂时脱离接触。等过一段时间他们消了火气，头脑冷静下来了，争端也就趋于平静了。

（4）对双方的论点进行归纳后，公正评价

假如争论的问题有较大的异议，而双方的观点又都有偏颇，但是本质十分接近，只是由于自尊心，双方又都不肯服输，那么第三者应照顾双方的面子，将双方见解的精华进行系统地归纳，也将双方观点的糟粕整理出来，做出公正评论，阐述较为全面的、让双方都能接受的意见。这样，就把争论引导到理论的探讨、观点的统一上来了。

（5）巧妙地联络感情，寻找共同点

假如你想让两个彼此成见很深的人消除前嫌；假如你的亲人突然遇到过去关系很坏的人而你又在场；假如你作为随从人员参加的某个谈判暂处僵局……作为第三者，你需要做的事情就是联络双方的感情，努力寻找双方心理上的共同点或共同感兴趣的问题。有的时候一幅名画、一张照片、一盘棋、一个故事、一则笑话、一句谚语、一段相同或相似的经历，乃至一杯酒、一支烟都可能成为双方感兴趣的话题，都可以成为融洽气氛、打破僵局的契机。

5. 这么说，别人就会主动帮你忙

生活中，向人求助时，别忘了要循序渐进，掌握一些策略和技巧。

一阶一阶往上登

要是一下子向别人提出一个较大的要求，人们一般很难接受，而如果逐步提出要求，不断缩小差距，人们就比较容易接受。这就是所谓的"登门槛效应"。

一列商队在沙漠中艰难地前进，昼行夜宿，日子过得很艰苦。

一天晚上，主人搭起了帐篷，正在其中安静地看书，忽然，他的仆人伸进头来，对他说："主人啊，外面好冷啊，您能不能允许我将头伸进帐篷里暖和一下？"主人是很善良的，欣然同意了他的请求。

过了一会，仆人说道："主人啊，我的头暖和了，可是脖子还冷得要命，您能不能允许我把上半身也伸进来呢？"主人又同意了。可是帐篷太小，主人只好把自己的桌子向外挪了挪。

又过了一会儿，仆人又说："主人啊，能不能让我把脚伸进来呢？我这样一部分冷、一部分热，又倾斜着身子，实在很难受啊。"主人又同意了，可是帐篷太小，两个人实在太挤，他只好搬到了帐篷外边。

当个体先接受了一个小的要求后，为保持形象的一致，他可能接受一项重大、更不合意的要求，这叫作登门槛效应，又称得寸进尺效应。

心理学家认为，一下子向别人提出一个较大的要求，人们一般很难接受。如果逐步提出要求，不断缩小差距，人们就比较容易接受。这主要是由于人们在不断满足小要求的过程中已经逐渐适应，意识不到逐渐提高的要求已经大大偏离了自己的初衷。

登门槛效应通俗地说，就像我们登台阶一样，我们要走进一扇门，不可以一步飞跃，只有从脚下的台阶开始，一个台阶、一个台阶地登上去，才能最终走进门里。

想让别人做一件事，如果直接把全部任务都交给他往往会让人家产生畏难情绪，拒绝你的请求；而如果化整为零，先请他做开头的一小部分，再一点一点请他做接下来的部分，别人往往会想，既然开始都做了，就善始善终吧，于是就会帮忙到底。

两个人做过一次有趣的调查，他们去访问郊区的一些家庭主妇，请求每位家庭主妇将一个关于交通安全的宣传标签贴在窗户上，然后在一份关于美化加州或安全驾驶的请愿书上签名，这都是一个小而无害的要求。很多家庭主妇爽快地答应了。

两周后，他们再次拜访那些合作的家庭主妇，要求她们在院内竖立一个倡议安全驾驶的大招牌——该招牌并不美观——保留两个星期。结果答应了第一项请求的人中有55%的人接受这项要求。

他们又直接拜访了一些上次没有接触过的人，这些家庭主妇中只有17%的人接受了该要求。

是啊，既然已经在刚开始时表现出助人、合作的良好形象，即便别人后来的要求有些过分，也不好推辞了。生活中，要想让别人答应自己的要求，就需要适当使用登门槛效应。

如果你有一件棘手的事想请人帮忙，或者某个要求想征得别人同意，最好不要直接说出来。而是在提出自己真正的要求之前，先提出一个估计人家肯定会拒绝的大要求，待别人否定以后，再提出自己真正的要求，这样，别人答应自己要求的可能性就会大大增加。

西方二手车销售商卖车时往往把价格标得很低，等顾客同意出价购买时，又以种种借口加价。有关研究发现，这种方法往往可以使人接受较高的价格；而如果最初就开出这种价格，则顾客很难接受。

有一个人得了高血压，夫人遵照医嘱，做菜时不放盐，丈夫口味不适应，拒绝进食。后来夫人将医嘱折中了一下，每次做菜少放一点盐，每次递减的程度很小，后来丈夫逐渐习惯了清淡的味道，即使一点盐不放，也不觉得不好吃了。

这些都是成功运用登门槛效应的案例，在人际交往中，当你要求某人做某件较大的事情又担心他不愿意做时，可以先向他提出做一件类似的、较小的事情，然后一步步地提高成更大一些的要求，从而达到自己的目的。

人的心理有一种特性，往往越受压迫反抗心越强。如果你要他人办一件什么事，请求没有用的情况下，你可以反向地刺激他，将对方激怒。"你不去做，是因为你不敢去做吧？""我想你可能也没什么办法。"你这样说，对方心里一定会想："谁说我不敢？""你怎么知道我没有办法？""我偏要做给你看！"这样，你就达到了自己的目的。

在《西游记》中，孙悟空就经常对猪八戒使用激将法，让他主动去降妖。激将法往往能在争强好胜、虚荣的人身上起到比较明显的作用。比如，你去逛商店，售货员看你穿戴不怎么样，就蔑视地对你说："这件衣服太贵，您恐怕买不起。"你可能会勃然大怒，人活着就为了一口气，一定不能让对方把你看扁了："有什么了不起的，我今天还真买了。"于是，不管自己是否喜欢或是否需要，你一怒之下就将它买了下来。

所以，你想让别人做某件事，当"恳请"没有用的时候，不妨利用他想表现自己的心理，以及逆反心，若无其事地用一用激将法，也许更容易达到预期的目标。对他说"你不办，是因为你办不了吧"，这句话在他心里的分量是很重的，因为每个人都不愿意被人看扁。

这个方法对于那些好胜心强、虚荣心强、自我膨胀欲望强烈的人更有用。我们经常看到老师和家长们在小孩的教育上用这一招，小孩子都会乖乖中招。

小雅是一名很会教小孩的幼师，她教小孩们唱歌、做游戏，孩子们都乖乖地听她的话。在别的老师的课堂上，孩子们都乱成一气，全然不顾老师的话，很是调皮，只有在她上课的时候，孩子们才积极主动地被她牵制。比如当孩子们对英文单词不感兴趣的时候，她会说："你来试试，大概写不出来吧？"她一边说，一边在黑板上写一个正确的新词，让孩子来模仿，孩子们就会争先恐后地举手希望来试试，让她来评判一下，以示自己是个聪明的孩子。于是，孩子们的学习兴趣被她很轻松地调动起来了。

孩子们的自我表现欲望如此强烈，大人们其实也一样。你如果动不动就对人说"你应该这样去做……""我求你去做……"倒不如对他说"我不相信你能做好"，没准儿会收到更好的效果。

虽然说，"助人为快乐之本"，但并不是每个人在每种情况下，都愿意帮助别人，特别是当人们觉得自己"没有责任和义务"去帮助他人的时候，就很难主动去帮助他人。而什么情况下，会导致人们认为自己"没有责任和义务"呢？那就是人多的情况下。

有一个古老的故事叫作"一个和尚有水吃，两个和尚抬水吃，三个和尚没水吃"，就是这个情况的典型反映。你以为人多力量大，其实，有时候人多力量反而小，1+1<2的情况经常有，因为人们身上普遍都存在着惰

性和依赖性，在大家一起工作的时候，这种现象就更加突出。比如，我们经常在找他人办事的时候，会遭遇被多个人"踢皮球"的情况。对方你推我，我推他，结果没有一个人愿意为你解决问题。

售前部的小罗接到B地客户打来的电话，客户最后通牒，项目建议书如周五前还不能提交则后果自负。小罗于是开始走售前支持流程，请相关部门协助。

首先小罗按售前支持流程找到方案准备部，请他们写。但该部张经理马上抱怨说另一个大项目下周就要投标了，老总还亲自过问了这事，这几天全部门的人还搭上技术部加班加点地干，哪有空写。

小罗只好直接找技术部。毕竟项目的最终实施由技术部负责，而且现在技术部正做着同类项目在A地区的开发。但技术部经理说B客户合同还没签呢，应该是方案准备部的事，况且技术部现在也没空写。

见小罗一脸无奈的样子，经理指给他一条路，原先在项目组的小林现在有空，看看他是否愿意帮忙。

小罗心里一喜，赶紧去找。听明来意后，小林说，虽然我现在有空，但也帮不了你，因为写这份建议书涉及B地的许多资料，他一直没接触过，看过资料后再写要花至少一周时间。

可怜的小罗就在单位中被人踢来踢去，问题还是没解决，结果被老总骂了一顿。

如果要求一个群体共同完成任务，群体中的每个个体的责任感就会较弱，面对困难、担当责任时往往会退缩。因为当一件事情，可以做的人多了，人们就会觉得并非一定要自己做。人们会想："既然大家都可以做，凭什么要我做？""他能帮你，你去找他吧！""我还是少管闲事吧！"这种现象在心理学上叫作"责任分散效应"。

在美国郊外某公寓前，一位年轻女子在回家的路上遇刺。她绝望地喊叫："杀人啦！救命！救命！"听到喊叫声，附近住户亮起了灯，打开了窗户，凶手吓跑了。当一切恢复平静后，凶手又返回作案。当她又叫喊时，附近的住户又打开了电灯，凶手又逃跑了。当她认为已经无事，回到自己家楼上时，凶手又一次出现在她面前，将她杀死在楼梯上。在这个过程中，尽管她大声呼救，她的邻居中至少有38位到窗前观看，但无一人来救她，甚至无一人打电话报警。

当一个人遇到紧急情境时，如果只有他一个人能提供帮助，他会清醒地意识到自己的责任。而如果有许多人在场的话，帮助求助者的责任就由大家来分担，造成责任分散，每个人分担的责任很少，从而产生一种"我还是少管闲事""会有人救她的"的心理。

所以，请求别人帮忙的时候，一定要考虑到他人是否有责任分散的心理。而要打破这种心理，就要让对方感到帮助你是他一个人的责任。

小李在下班回家的路上，正好遇到一个小孩子落水了，很多人在围观，却没有一个人跳下水去施救。小李非常着急，他想救人，自己却是个旱鸭子。怎么办呢？

这个时候，他看到围观的人中有一个他认识的人——小区外面报刊亭的杨老板。他曾听说杨老板经常游泳。于是，他大声朝杨老板喊道："杨老板，还不赶快救人啊！"随着小李的喊声，大家的目光都投向了杨老板。

杨老板马上不好意思了，觉得自己再不救人，就会受到众人的指责。于是，赶紧跳下水去。

有时候向很多人求助，不如向某一个人求助，并强化他的责任，也就是说认定了某一个人能帮助你，而不要给太多人踢皮球的机会。

6. 适当示弱，拉近人际距离

在我们的生活周围，常常有这样一些人，他们事业有成，德高望重，但是在与晚辈或者不如自己的人相处的时候，他们却总是有意无意地暴露一些自己的缺点。诸如，忘了打领带；吃饭的时候却把筷子掉在地上；故意说一些自己成功之前的糗事……这样一来，许多明明敬畏他的人，却觉得原来他是这样的和蔼可亲、平易近人。

这便是一个聪明人的处事态度吧，他隐"优"暴"缺"，成全别人的好胜心，却让别人更加喜欢他、尊重他，从而获得良好的人际关系。

陈欢年纪轻轻，留着一脸络腮胡子，表面上看起来成熟、严肃。刚被分配到某县城做老师的时候，学生都对他感到有些好奇和畏惧。因此，他给学生上的第一堂课就说："我的字写得不好看，板书更差。小学时我的书法都不及格，因此我特别害怕在黑板上写字。"以此博得学生一笑，为的是尽快缩短师生之间的距离。

有时，他也会说："如何，我的领带漂亮吗？"学生就会暗暗在心里想："这老师真有趣，尽注意些小事，可见老师也是凡人。"学生的心情一下子放松了，觉得他很亲切。此后，学生们都喜欢上陈欢的课，他的教学自然也很顺利。

在别人面前偶尔暴露一些无关紧要的小毛病，便可赢得"好人缘"

"平易近人""有亲和力"等美名。这点"心眼"在与人相处的时候,有时候是非常必要的。同样,比如一位教授在台上演讲,一般来说,听众们对有头衔的大教授都有戒备心。然而,他若在麦克风前打个喷嚏,站不稳,故意表演些小失误,就能缓和原来紧张的气氛。听众看到他这些小的失误后,心里便会想:"同样都是人,难免做出些不雅的事。"于是一种亲切感就自然产生了。

另外,一些在社会上,或者在公司有头有脸的人物,在与和自己社会地位有差距、有自卑心理和戒备心的人初次见面时,举行会谈将是很困难的。对方在居下的位置上,往往心中会有胆怯感,此时,他在心理上自然筑起一堵防御墙。这个时候,一个深谙处世之道的人,便首先让对方树立"自己不比别人差"的观念。当对方发现杰出的权威人物也有许多弱点时,过去对他抱有的恐惧感与防备心就会消失。

曾有一位记者去拜访一位外国政治家,目的是获得有关他的一些丑闻。然而,还来不及寒暄,这位政治家就制止想提问的记者说:"时间还多得很,我们可以慢慢谈。"记者对政治家这种从容不迫的态度大感意外。

不多时,仆人将咖啡端上桌来。这位政治家端起咖啡喝了一口,立即大嚷道:"好烫!"咖啡杯随之滚落在地。等仆人收拾好后,政治家又把香烟倒着插入嘴中,从过滤嘴处点火。这时记者赶忙提醒:"先生,你将香烟拿倒了。"政治家听到这话之后,慌忙将香烟拿正,不料却将烟灰缸碰翻在地。

平时趾高气扬的政治家出了一连串的洋相,使记者大感意外。不知不觉中,记者原来的那种挑战情绪消失了,甚至对对方产生了一种亲近感。而这些,其实都是政治家一手安排的。

人人都有好胜心，若要联络感情，必须先有选择地暴露自己的弱点，因为只有这样，才更突出了别人的自尊与优势，成全对方的好胜心，这样表面上对方胜利了，实际上却是你胜了。

另外，善于选择示弱的内容，在交际中也很重要。地位高的人在地位低的人面前不妨展示自己的学历，表明自己实在是个平凡的人；成功者在别人面前多说自己失败的纪录、现实的烦恼，给人以"成功不易""成功者并非万事顺利"的感觉；对眼下经济状况不如自己的人，可以适当诉说自己的苦衷，如健康欠佳、子女学业不好，以及工作中诸多困难，让对方感到原来"他家也有一本难念的经"；某些专业上有一技之长的人，最好宣称自己对其他领域一窍不通，袒露自己日常生活中如何闹过笑话、丢过丑等；至于那些完全因客观条件或偶然机遇侥幸获得名利的人，更应该直言不讳地承认自己是"瞎猫碰上死老鼠"。

然而，倘若你要面对的是个与你有同性质的某种特长的人，你又希望在他面前隐"优"暴"缺"，这个时候，如果你一味退让，便表现不出你的真实本领，也许会使对方误以为你的技术不太高明，反而认为你无足轻重。

所以你与他对峙的时候，应该适当施展你的本领，先造成一个均势之局，使对方知道你不是一个弱者；进一步再施小技，把他逼得很紧，使他神情紧张，知道你是个能手；再一步，故意留个破绽，让他突围而出，从劣势转为均势，从均势转为优势，把最后的胜利让于对方。对方得到这个胜利，因为费过许多心力而且转危为安，精神一定十分愉快，对你也产生敬佩之心。

争强好胜者未必掌握真理，而谦逊的人，原本就把出人头地看得很淡，更不屑参与一点小是小非的争论，根本不想称雄。你若是有可以与人媲美的资本，却表现得谦逊，往往能显示出你的坦荡胸襟和深厚修养。

7. 争论不如让步，永远不要公开唱反调

每一个人都相信自己才是真理的拥有者，为此他们常常和别人争论不休。但他们却不知道，相反的辩词往往更能促使对方坚定自己的立场。因此，有些好争辩的人，口若悬河地说了一大堆，最后除了不能说服别人，反而会把自己逼上绝路。

中国人有句古话："成人之美，不成人之恶。"可以说，成人之美是一种美德，也是成事的关键。凡是喜欢成人之美的人，无不受到别人的欢迎和尊重。

反之，在与人谈话中，不但不成人之美，反而拆别人台，与人唱反调，不管别人说得对不对，都要反对一下，使人家的兴致成为泡影，这样的人注定难以与人合作长久。

理查德是一位卡车推销员，他受的教育不多，可是很爱和人抬杠。如果有顾客挑剔他的车子，他会涨红着脸大声强辩。理查德自己也承认，他在口头上赢得了不少的辩论，但没能赢得顾客。他说："在走出人家的办公室时我总是对自己说，我总算整了那混蛋一次。我的确整了他一次，可是我什么都没能卖给他。"

后来，他去找卡耐基，学习如何做个好的推销员。经过卡耐基的指点，他决定戒掉争强好胜的性格。最终，理查德成了纽约怀德汽车公司的明星推销员。

他说："如果我现在走进顾客的办公室，而对方说'什么？怀德卡车？不好！你就算白送我我都不要，我要的是何赛的卡车'，我会说'老兄，何赛的货色的确不错，买他们的卡车绝对错不了，何赛的车是优良产品。'

这样他就无话可说了，没有抬杠的余地。如果他说何赛的车子最好，我说没错，他就只有住嘴了。他总不能在我同意他的看法后，还说一下午何赛的车子最好。我们接着不再谈何赛，我就开始介绍怀德的优点。

当年若是听到他那种话，我早就气得脸一阵红、一阵白了，我就会挑何赛的毛病，而我越挑剔别的车子不好，对方就越说它好，争辩就越激烈，对方就越喜欢我竞争对手的产品。

现在回忆起来，真不知道过去是怎么干推销的！以往我花了不少时间在抬杠上，现在我再也不做那样的傻事了，果然产生了不错的效果。"

一位哲人曾经说过："用争夺的方法，你永远得不到满足，但用让步的方法，你可能得到比你期望的更多。"因为你越是强加辩论或者反对，就越会容易激发别人的逆反心理。或许你有获得胜利的机会，但却再也得不到对方的好感。

当你在否定别人意见的时候，或许你是对的。但在改变对方的思想上来说，你绝对是毫无建树的，一如你自己错了一样。误会永远不能用辩论停止，因此你要勇于接受忍让和宽容的考验。

卡耐基说过："天下只有一种方法能得到辩论的最大利益，那就是避免辩论。"爱争辩的人们一定要自己衡量一下，你宁愿要一种字面上的、表面上的胜利，还是让对方心服口服？在争辩里，也许你赢得了一场表面的胜利，但却因此丢掉了一个朋友，甚至树立了一个敌人，实在是得不偿失。

很多时候，有些争辩是完全没有必要的，也许你成为最终的胜利者，也许别人不再反驳你，但对方不一定心悦诚服，你的话说不定还伤了两人之间的和气。所以聪明人绝对不会和别人硬碰硬，而是懂得用先肯定的说服方式代替直接反对。

安妮是一个认真固执的人，虽然业绩不错但人缘很差，因为她永远是"不"比"是"多，无论别人说什么，她总喜欢先反对一下。这样，没有太多人愿意和她共处一个团队。

有一天那个和蔼可亲的瑞典老板把她请进了办公室，面带笑容地问她："公司的员工奖励计划好吗？"安妮也不加考虑，脱口而出："不，它并不很完善。"老板笑了，告诉她："我不了解中国的文化，但在我们西方，如果想说不好，也应该说'是的，但是……'其实最终表达的意见或是意思还是原来的，但听上去就不那么刺耳。"安妮看着老板的脸，第一次有了感悟。

很多人，自以为直率、有个性，对某些事情有见地，因此当别人提出什么观点，总是第一个否定；当别人与自己发生争辩的时候，总是忍不住地反驳，结果弄个两败俱伤的下场。其实，这样的争辩即使最后自己赢了，但往往也输了友情和别人对你的好印象。

聪明人从不玩无益的争辩游戏，因为他们懂得，不必要的争论不仅会使自己失去朋友，而且达不到自己想要的目的。同时，他们还懂得，消除误会不能靠争辩，而只能靠技巧；以协调、宽容的眼光去看别人的观点，这样才能赢得别人的理解和认同。

因为从人类的普通心理来看，被顺从和被赞同，总比拒绝来得容易接受。而那些好辩的人，如果在肯定之后再否定其中的一部分，话语听起来就会悦耳得多。

第 八 章

得体拒绝：别让“不好意思”害了你

◈

一味地取悦和过于坚决地拒绝，都会让对方不舒服，只有用最折中的方式，才能做到既不委屈自己也不伤害别人。

1. "有求必应"是一种"取悦病"

美国有位心理学家发现了一种名为"取悦病"的心理疾病，说的就是生活中的"老好人"现象。这些老好人对家人、朋友，甚至陌生人都有求必应。

据美国媒体报道，两位女士受到了各种不同程度的麻烦困扰，她们述说自己患上了一种奇怪的疾病，一种取悦他人的强迫症。其中一位说，她受到了一种奇怪的欲望和想法的驱使，这种感觉驱动她不断地想要取悦他人，面对要求和命令，她为了让对方高兴，总是会很乐意地答应下来。这两位女士都性格懦弱，害怕拒绝别人，害怕拒绝之后所产生的后果，所以习惯用取悦别人来换取信任和认同。

无独有偶，英国《每日邮报》也曾经刊登过一篇露西·泰勒写的关于老好人的文章，文章通过好友的亲身经历来分析这种现象。

露西·泰勒的一个朋友对自己生活中的一切关系都处理得很好，工作、家庭和朋友面面俱到，自己还带了两个孩子。她一边要在家照看孩子，收拾家务；一边还要照顾母亲，一连身兼数职。她的侄女每天也要跟她打电话诉苦、抱怨，讲自己的丈夫如何对自己不好，自己的孩子如何不听话，一说就是数小时。电话那头一会儿哀叹，一会儿怒吼，她感觉自己就像是一个垃圾桶一样。

泰勒讲述，从表面上来看，这位朋友是大家眼中最善良无私的人。但在私底下，她却向泰勒坦陈，自己早就已经身心俱疲，烦恼透顶。

一位心理学家认为："这类女性具有相当大的数量，她们看起来友善无私，背后其实是痛苦、焦虑、空虚、罪恶感、羞耻感。"泰勒这位朋友的表现，即是如此。实际上，"取悦病"的根源就在于想取悦所有人的心态。这种心态让人过度友善，害怕被人拒绝，尤其是被自己所取悦的人拒绝。在他们看来，拒绝别人是一件伤面子、伤感情的事情。

不仅在国外，中国著名作家巴金先生在他"激流三部曲"之一的《家》当中，也塑造了高觉新这样一个典型的"老好人"角色。

作为家中的长子，高觉新本应是个顶天立地，有担当、有作为的男子汉，可是却因为性格过于懦弱顺从而成为一个"老好人"。

面对家中长辈，尽管他心里十分不情愿，却无法拒绝和那些无事可做的女人一起打牌、聊天。作为长子，家中长辈如果遇到什么不愉快，一定会拿他来当出气筒，即便受到这样的委屈，高觉新也不会反抗，更不会有丝毫的违逆之心。

又比如，因为一些小事，高觉新被自己所钟情女子的家庭拒绝，可他却没有做出一点努力去争取，只知道顺从别人的意思；自己结发妻子怀孕临盆，被狠心的长辈赶到小诊所去生产，他也没有抗争，导致妻子因为恶劣的医疗条件悲惨而死。

在他的生命中，他总是被各种条条框框所束缚，被封建社会的纲常伦理所约束。高觉新认为自己是家中长子，要做好表率，做人处事要厚道，要温良恭俭让。他不懂得去反抗，不懂得改变自己的处境和遭遇，只知道一味自责、后悔。

高觉新的性格同样是取悦心理在作祟，"老好人"病让他无法拒绝家人的打牌要求，因为拒绝必然会让那些女人们不高兴，自己就不会有好日子过。在自己的感情问题上，如果高觉新勇于抵抗恋人家中退婚的要求，必然也会引起对方的不悦，甚至指责。他害怕给长辈留下不好的印象，害怕被长辈记恨。在这种恐惧感的笼罩之下，高觉新自然就无法鼓起勇气对周遭的人说出一个"不"字。种种惧怕和怯懦的心理让高觉新的性格看起来随和，随之而来的却是个性渐失，没有主见，无法独立，变成了一个十足的"老好人"。

在现实生活中，处处都有像高觉新这样不懂拒绝的老好人。这群"高觉新"们喜欢以自己忠厚老实的形象示人，不仅仅是因为他们的性格懦弱，更是因为他们本身所具有的取悦别人的心理疾病。

从心理学角度来说，这种老好人无法说"不"是因为其没有建立起健全的界限意识。这个界限意识不仅是生理和心理上的，也是情绪上的。界限意识模糊的人，常常意识不到别人已经"越界"的请求，即使不情愿，也不会拒绝。实际上，你希望别人礼貌地对待你，尊重你，首先就要向别人明确你的原则、底线以及为人处世的方式方法，让别人对你有一个心理预期。可以说，决定别人如何对待我们的关键因素恰恰是我们自己。因此，我们要做一个有明晰界限的人，清楚自己的权益和义务，受到侵犯时，我们就要采取坚决的措施保护自己。

2. 带着真诚的微笑说 "不"

当我们拒绝对方的请求时，不要一脸严肃，而应该带着友善的表情，真诚地笑着说 "不"，这样才不会伤了彼此的和气。

经常进行销售活动的业务员几乎都熟知这样一个推销技巧：从一开始就 "牵着" 顾客走，让顾客永远回答 "是"，在回答了几个肯定的问题之后，再推销产品，顾客就很容易接受了。然而，事情是双面性的，我们这样应对别人的时候，很可能对方也是这样对付我们的，此时，我们必须提防对方的圈套，努力做一个绝不说 "不" 的人。也就是说，当遇到别人不合理的请求时，我们不可以委曲求全答应对方，可以先 "以情动人"，凸显出自己的爱莫能助。

黄女士是民航售票处的售票员，随着乘坐飞机的旅客不断增加，黄女士时常要拒绝不少旅客的订票要求，面对心急如焚的旅客，黄女士总是安慰地说道："我知道你们非常需要坐飞机，作为售票员，我当然希望为你们效劳，使你们如愿以偿，但票的数量实在是有限，我们也没有办法。欢迎你们下次再来乘坐我们的飞机。"黄女士的话朴实、真诚，旅客们听了也不再有什么意见。

黄女士力求避免正面表述出拒绝，而是采用间接委婉的方式，先肯定对方的想法和要求是合情合理的，然后再来表达你拒绝他们是出于 "迫不得已"。这样一来，一方面对方的感情和积极性不会被挫伤，能够使对方更容易接受最终的结果，一方面也没有堵死自己的退路。

很多人不想拒绝别人总是出于"不忍心"，实际上，拒绝别人本来并不是错事，拒绝别人并不意味着与对方决裂。这只是一种在衡量了自己的能力之后，做出的明确回应的行为。虽然拒绝这件事难免会让对方一时生气，但实际上却是一种负责任的行为。相比起来，答应了对方却无法履行自己的诺言，才是更错误的。只要表明自己拒绝的原因，如果对方通情达理，也便不会再计较。

那么，如何才能友善地说"不"呢？

（1）看场合拒绝

拒绝别人时，要考虑到对方的面子，尽量不要当众拒绝。当众拒绝别人会使对方觉得抬不起头来。如果实在没法找到私人场合，最好事后马上找机会向对方表明自己的善意。

（2）赞扬式拒绝

不要给对方当头棒喝，先给予肯定再拒绝可以更好地表示善意，减轻对方的心理负担。比如，面对对方的提议，最好不要直接说"我不同意"，不如这样说："你的主意不错，不过某个部分不大可行。"

（3）屈尊式拒绝

直接否定难免会让对方感觉我们是高高在上；表现谦虚、爱莫能助的态度，适当贬低自己，能减少对方的失落感，不会让对方是觉得落差太大。比如，当不能提供帮助的时候，不要直接说"我不能帮你"，不如换个方式说："我很想帮你，但这件事情我实在也是无能为力。"

（4）借用式拒绝

在拒绝时，一面表示歉意或同情，一面搬出规则，让对方知道我们也是无能为力。比如："实在很抱歉，这个忙我不能帮，公司规定不能够……"这样一来，对方也知道我们受制于人，不能自己做主，也就会原谅我们了。

(5) 延迟式拒绝

对待别人的请求，切忌毫不留情地立刻拒绝，首先要认真听取对方的话，然后不妨短暂沉默，表现出若有所思的样子，暗示我们确实有为难之处。或是把答复的时间稍微拖后一点，可以说："让我想想好吗？""如果可以的话，我之后第一时间和你联系。"这比直截了当地拒绝容易一些。但需要注意的是，切记不要拖延太久，让对方苦苦等待却希望落空，反而更伤人。

(6) 提议式拒绝

即使我们拒绝了别人，也可以补充些建议性的话，这比只说"不"，要更中听。比如对方说"我们再去喝点吧"，我们可以说"现在已经超过半夜10点了，明天上班还有重要的会要开……""这件事我实在是想不出来好办法帮你，不过你可以问问……"等。

3. 理由充分，既不委屈自己也不伤害别人

在拒绝他人的时候，有些人总是畏畏缩缩，态度不够坚决，明明是自己无法办到的事情，却不明确告知对方。这样的拒绝方式，会让别人觉得还有回旋的余地，进而与你继续纠缠。恰当的拒绝一定是理由充分，态度坚决，不给对方留下任何余地，在顾及对方感受的前提下，理直气壮地把拒绝说出口。

在理由充分的前提下拒绝别人，让对方感受到被照顾的心情才是最佳最完美的方式。一味地取悦和过于坚决地拒绝都会让对方不舒服，只有用折中的方式，才能做到既不委屈自己也不伤害别人。

李刚毕业后就做起了生意，虽然有一定收入，但也有一些外债。李刚在大学里有个叫王静的好友，但两人毕业后一直没有联系。一次，王静突然向李刚借钱，这让李刚十分为难，因为自己的手头也不算富裕，借了实在有风险；不借又有损老交情，又不好拒绝。最后，李刚便对王静说："你能在困难时想到我，真是信任我啊，但不巧的是我刚刚买了房子，也没有多少活钱了，你要是不着急的话，等我过几天账结回来，一定借给你。"

对于这种对方着急有事相求，但是我们确实在短时间内没有办法提供帮助的时候，以上的回答方式是比较妥当的。需要注意的是，决绝的时候一定要考虑到对方的实际情况和他当时的心情，言辞要坦诚合乎情理，以免对方误会。

要知道，人与人之间的关系是对等的，即使对方是领导，也不要不敢吭声，任由对方强加各种罪名于己，把各种怨气撒在自己身上。不然，最终吃亏的只能是自己。

露诗因为家中有事必须请一段时间的假，然而不巧的是，这段时间她正在准备和某位重要客户签约的事情，此时对手公司也在使用各种伎俩来争取这位大客户，可谓正是工作的关键时刻。然而家中的事情实在不能耽搁，自己此时又无法分身，她觉得很无奈。露诗突然想到了同事莉莎，平时跟她关系就不错，对方能力也挺强，这件事她一定拿得下来。于是便决定开口去请求她帮着维护一下这位客户，并跟他签约。

莉莎心里很想帮她，但是最近自己的哥哥出了车祸，她要一边照顾哥哥，一边处理工作上的事情，每天单位、医院两头跑，实在是分身乏术。而现在，自己的好友还要给自己安排这么重要的事情，莉莎一下子不知道如何是好。思索再三，莉莎决定拒绝露诗，她坦诚地跟露诗讲："亲爱的，我家里最近出了很大的事情，我的哥哥出了车祸，家里没有其他人可以去照顾他，只有我了。我知道你的事情也很重要，但我实在是爱莫能助，要不跟领导提一下吧，可能他会有更好的安排。"

听了莉莎的话，露诗很理解她，也很同情她哥哥的状况。于是同意了她的建议，将这个客户交给自己的领导让其自行处理。这样做，好友不用为难，自己也不会耽误工作，两全其美。

莉莎的拒绝很明智，考虑到好友此时的情绪和感受，在理由充分的前提下选择比较合适的话语来委婉拒绝了其请求。莉莎其实很清楚，人与人之间是对等的，谁也不亏欠谁，如果今天因为愧疚或是情面答应了露诗的请求，那么明天自己就会在繁重的工作和照顾病人的压力下度过。

很多无法说出口的拒绝都是因为一时找不到充分的理由，没有一个好的理由，你的拒绝就没有底气、没有力量，自然也不能被别人理解和体谅。

一个充分的理由，不仅能解决自己的困境，还能照顾到对方的情面和感受，不至于让拒绝显得生硬而死板，没有人情味。什么样的理由才是充分且合理的，怎样拒绝才能让别人不觉得尴尬呢？

首先，真诚表达自己的意愿。

其次，要站在对方的角度考虑问题，比如我们可以这样来拒绝上司安排的额外任务："老板，我知道最近公司事儿多，您也花费了很多精力。但是这件事确实不是我的能力所能办到的，我做不好，既会耽误时间，又会带来损失。"

最后，一定要讲究分寸。与人方便自己方便，不要把话说得太绝，不要把事做得太尽，这是拒绝之道，也是生活的一种礼仪。

4. 拒绝，也要让对方感受到尊重

你被人拒绝过吗？被拒绝的感觉是难堪还是生气？每个人都很在意自己的"面子"，即便是被拒绝了，也希望对方尊重自己。同样的道理，你要拒绝别人，也应该找到最佳方式，让对方感到尊重。

英国有位首相，叫狄斯雷利。他在任期间，有位野心勃勃的军官想让他加封自己为男爵。狄斯雷利知道这位军官才能超群，手握重兵，当然要跟他维持友好的关系；可是军官还不具备被封为男爵的条件，自己不能开这个先例。

为此，狄斯雷利很是苦恼：直接回绝的话，军官肯定不会高兴。如果因此引起内部矛盾或其他问题，那真是得不偿失了！如果答应了，就有失公平，甚至会得罪更多人。

不过很快，狄斯雷利脸上就露出了微笑，因为他已经想出了好主意。他命人拿着自己亲笔写的邀请函去军官府拜访，内容是：请军官某日来首相官邸，首相将单独会见你。

军官忍不住想：首相肯定是同意了自己的要求。于是，就高兴地按时赴约。谁知一见面，首相就坦白地对他说："很抱歉！我不能给你男爵的封号，不过我可以给你一件更好的东西。"

接着，狄斯雷利放低声音说："我会告诉所有人，我曾多次请你接受男爵的封号，都被你拒绝了。"

军官先是一愣，接着点头答应，满意地离去了。

很快，这个消息就传出去了，众人都称这位军官谦虚无私、淡泊名利，对他的礼遇和尊敬远远超过男爵。也由此，军官成了狄斯雷利最忠实的伙伴和军事后盾。

狄斯雷利的拒绝，不仅保全了自己的威严，让对方感觉到了尊重，并将其俘获成效忠自己的人。

其实，人与人交往的时候，就应该多为他人着想，多给他人留一些余地，少给别人一点难堪，这样必定能赢得别人的理解和尊敬。

张强在一家跨国公司担任总经理，由于工作能力突出，没几年就被提拔成总公司的副总。临走之前，他设宴款待同事们。

原本是一场离别的宴会，最后却弄成了员工集体"送礼"，这完全出乎他的意料。他不想收下同事们送来的贵重礼物，可是如果当面拒绝的话，只能让气氛变得尴尬，甚至让同事们误会自己。

于是，他先将礼物统统收下来，并在上面一一记下送礼人的名字，以便原物奉还。待酒宴快要结束的时候，张强站起来对同事们说："我本来不想拒绝各位的好意，只是没想到会收到这么多礼物。在这里，我先要对大家说声谢谢。不过，我马上就要出国了，这些东西既用不上，也带不走，岂不是浪费了。虽然我去了总公司，但你们在工作上有什么问题，依旧可以来找我，现在信息这么发达。你们的工作能力，我都是看在眼里的，如果有什么好机会，我一定会尽力推荐。这些礼物，就请各位拿回去吧。"

同事们听到总经理这样说，只能拿回了自己的礼品。

张强当然明白同事们的"心思"，他们无非是希望在工作上受到提拔。可每个人都希望被提拔，但一个萝卜一个坑，坑并没有那么多啊。俗话说"拿人手短，吃人嘴短"。收了大家的礼，即便是提拔了其中一位，也会让别人误会。与其这样，还不如拒绝他们的好意，让自己落得一身轻松。不管以后谁被提拔了，那也是能者居之的结果。张强的做法，虽然是故意推辞，但是他将不收礼的道理说清楚了，大家自然也不会介意。

总之，我们要拒绝任何人，都要记住尊重他人的前提，这样才能做到既能拒绝，又不得罪对方。

5. 肢体语言也可以说"不"

在很多时候，我们不能只听对方说的话，还要观察对方的肢体语言，看清楚对方的"潜意识"和"真意思"。

你有没有过遇到这样的情况：当看到年迈的老人忐忑地过马路，你想过去搀扶一把，老人的身体一边偏离你，一边摆着手说"谢谢，不必了"；当看到抱着重物的人过天桥时，你想过去帮忙，对方却瞥了你一眼，继续前行了……看，"身体偏离""摆手""瞥你一眼"都是很明显的拒绝的肢体语言。在生活中，这样用肢体语言的拒绝还有很多。

周末，李然和李同去见了同学马刚。大学毕业后，马刚开始从商，且生意做得风生水起。李然这次的目的很明确，就是想向马刚借些钱，毕竟都是多年的好友了。

见面之后，3个人就聊起了大学时的事情，很是高兴。几个人聊着聊着，天色就不早了。本来想开口借钱，但李然见大家都这么高兴，就想还是再等等吧。聊到兴致之处，马刚说起了和李然不打不相识，成为好朋友的事情。这么一听，李然心里很是高兴：这小子，竟然还记得那么清楚。原本对借钱之事有所顾虑的她，就不再犹豫了。慢慢地，李然就把话题转向了自己开店，但资金不够的事情上。

一听她说要开店，马刚表示出了极大的兴趣，还感慨道："没想到，曾经的弱女子也要当老板了。"可当李然提出向马刚借钱的时候，马刚一下子变得不自然了，他一边说："老同学之间帮忙是应该的，应该的……"一边苦笑地端起酒杯抿了一口，还时不时地伸手去调整自己的袖扣。李然一听马刚答应借钱了，只顾着高兴，也没有关注对方的肢体语言。就这样，一个小型的同学聚会散了，双方嘴里说着再约时间见面。

可没想到，等马刚的车开走后，一旁的李同对她说："你不要高兴得太早了，我觉得马刚是在敷衍我们，他根本就没打算借钱给我们。"

听她这么一说，李然就不高兴了，说："怎么会呢，你刚刚没听见他说老同学之间帮忙是应该的吗，而且还说再约时间见面的啊！这不就是说他答应借钱给我们了吗?！"

"那不过是他口头上说说罢了！你别忘了，我大学修的是心理学。马刚在说答应帮忙的时候，神情很不自然，你没看见他端起酒杯却没喝，时不时摆弄他的袖扣，完全心不在焉。从心理学的角度来说，这就是拒绝的意思。只不过他作为一个场面人物，没有把拒绝的动作做得那么明显罢了！不过，他的细微动作可逃不过我的眼睛。"李同对李然解释说。

李然听着李同的话似乎有些道理，但她还是不愿相信，毕竟这么多年的同学关系了，如果不愿意帮忙可以直接说啊！李然赌气似的说："你等着看好了，明天我就去找他，把钱借回来。"李同耸耸肩，意思是说那就等着看好了。

第二天早上，李然如约给马刚打电话，马刚没有接。过了1个多小时，她又给他打了个电话，这回马刚接听了。一说要借钱，马刚就找了个理由，委婉地拒绝了她。

此时，李然才真正相信李同的话，原来肢体语言真的能拒绝人，只是自己没发觉而已。

所谓"听其言观其行"，在请求别人时，我们不要因一时高兴忘记初衷，昏了头脑；而是要理智地对待，细心地观察对方的言行举止。要知道，人是很复杂的动物，需要运用多方面的观察和彼此谈话的情绪来判断对方真正的意思，千万别因单一的表情或眼神而下结论。不然的话，只能让自己在人际交往中陷入被动的地步，令自己陷入麻烦或尴尬中。

此外，当你因某件事跟对方面对面交流时，对方拿水杯或其他东西的一只手臂搭在了另外一只手臂上，恰巧这只手臂放置在胸前的位置，那么很遗憾，对方不仅无意听你的话，也不会对你实施帮助。因为他在很明确地告诉你："不要再想了！我是不会帮助你的。"他的这个动作看似无意，却表达了自己要拒绝的想法。

志明在一家事业单位上班，待遇非常不错。他们办公室有4个人，志明、小陈、王姐，还有老张。闲时，他们总聚在一起聊家长里短，跟退休的大爷大妈没什么区别。当然，他们聊的时候会格外小心，因为上司的办公室就在隔壁，害怕隔墙有耳。

某天，上司要去外地开会，第二天才回来。临走之前，上司把一些工作给他们分工好，说下班前完成，明天一早要用。他们表面上应和着，但上司一走，他们就拿出扑克牌来打。或许是知道上司不在，几个人聊起来就无所顾忌了，说话声音很大，打牌还不忘聊上司的八卦。

王姐撇撇嘴，道："咱们头儿真是不像个男人，婆婆妈妈的，干什么事儿都跟老娘儿们似的，一项工作任务要吩咐好几遍，烦死人了！"

小陈接着说："可不是嘛，最讨厌这磨磨叽叽的了！"

老张说："咱们要理解头儿，年纪大了不是也有更年期吗。"

志明也附和着，接了一句："以后别叫头儿领导了，就叫他更年期吧！哈哈哈！"

说也倒霉，志明的位置正好背对着办公室门口，正在他哈哈大笑时，对面的王姐脸色突然变了，她慌忙低头忙着弄文件去了。志明没有看明白意思，继续说："怎么了？领导可不就是更年期嘛。你们继续啊！"

看其他人不作答，志明有点不舒服，好像背后有一股凉气。回过头一看，上司就站在门口，脸色阴沉地瞪着他们几个。当场被上司抓到自己打牌还不算，还被听到自己说的闲话，这下可完了！志明暗自想。他慌忙站起来，战战兢兢说了句："头儿，你……"只见上司对着自己鼻孔放大，眼神犀利，高昂着头，像是要说什么，但最终什么也没说。最后，上司拍了拍志明的肩膀，拿了个文件就走了。

这下子志明浑身觉得不舒服，这是什么意思呢？顿时，办公室里也炸了锅，都在为志明担忧。要知道，志明在这个部门已经4年多了，下半年就是续约的时候，这会儿弄出这样的事儿，结果可想而知。

果不其然，到了合同续约时，上司找了个理由没有再与志明续约。

办公室本来就是非多，志明却不知道顾忌。实际上，上司的一些肢体语言，已经明白告诉他"你的好日子到头了"。如："鼻孔放大""眼神犀利""高昂着头""拍了拍志明的肩膀"……

"鼻孔放大"：表示十分愤怒的意思或与他人吵架，陷入僵局中。当一个人感到自己的身心受到威胁或认为某件事情不合情理时，也会做出鼻孔放大的动作。

"眼神犀利"：表示上司要像利剑一样，把对方看穿。这是一种权力、冷漠无情和优越感的显示，同时也在向下属示意：你别想欺骗我，我能看透你的心思。

"高昂着头"：如果一个人在交际场合高昂着头，把鼻孔朝向对方，则说明他对对方表示藐视，打心底瞧不起对方。如果是上司与下属之间，则是要压住对方的嚣张气焰，在心理上将其打垮。

"拍了拍志明的肩膀"：一般来说，拍肩膀是表示鼓励的意思，可在某些时候，则表示无声的愤怒，如"你真是好样的"，这明显是反话。

所谓不在沉默中爆发，就在沉默中灭亡。最终，上司选择在沉默中爆发，找了个理由没有与志明签订续约合同，而志明在无力还手的沉默中丢掉了工作。

总之，解读肢体语言时，需要从细微的地方观察，因为人们在不经意间暴露出的细节，往往最能表现出一个人内心真实的想法。

6. 借钱要三思，宁可"先小人后君子"

生活中，有的朋友会向你借钱。问题的关键就是有借有还，再借不难。如果借钱的人没有好信誉，那就意味着你的钱要打水漂了。为了避免这种情况发生，我们就要懂得委婉拒绝。

有句老话叫："亲是亲，财是财，亲兄弟明算账。"无论是亲朋好友，街坊邻里，还是同事之间，一旦有借贷关系，那就形成债权和债务的关系。只是大多情况下，人们会把情谊放在首位，忽略了法律上的关系，到头来是吃尽了亏。

网上有这样的一个测试：一个关系要好的朋友，借了你一些钱，到了约定归还的日子，对方不仅没有还，还借口借钱，说到时两笔一起还。在这种情况下，你应该怎么做呢？

（1）催讨前债，跟对方翻脸；

（2）象征性地借一点，如果对方还不了，也能承受；

（3）要求对方打借条，按照约定的日期还钱；

（4）考虑到对方有难处，先借给他再说。

这个测试一发布，就有几千人踊跃参加。经过调查后发现，有38%的人选择了最后一个选项，他们认为"虽然不是很想借，但也不好意思拒绝"；36%的人选择了第二个选项，他们认为是"宁愿自己吃哑巴亏，也不想驳朋友的面子"；20%的人选择了第三个选项；6%的人选择了第一个选项。

通过这个调查活动，我们知道：当朋友借某件东西时，人们通常不会拒绝。一是碍于人情的关系；二是不想给对方留下抠门的坏名声。一旦朋友或熟人向自己借某样东西时，一句"你还信不过我"就能让你慷慨解囊，事后又后悔不迭。

文静和王青在同一家公司上班，在工作上，两个人是配合无间的好同事、好搭档；在生活中，两个人是无话不谈的闺中密友。

情同姐妹的两个人，无论做什么事情，都会一起出现。有时，面对王青的一些要求，文静总是不好意思拒绝。

某个周末，王青打电话给文静，说自己的项目组快要主持召开一个盛大的产品发布会，自己需要一条比较正式的长裙，想要她陪着自己逛商场。

本来文静不想去的，因为她是个月光族，而且又到了月底……不过一想到好姐妹邀请自己，她也不好意思拒绝。

在逛遍了大小商场后，两个人不经意间走进了一家高档服装店，里面商品的价格让人目瞪口呆。很明显，这里的商品不是她们能够消费得起的。然而，橱窗里面一条红色丝质长裙吸引了王青的目光。

训练有素的导购小姐一眼就看出了她的需求，不停地说："小姐好眼光！这是店里销售最好的裙子了，店里只剩下一条了。现在不买的话，很快就被别人买走了。"

"女人一定要对自己好点，看到喜欢的东西就得收入囊中。你不穿漂亮点，怎么能吸引男朋友或老公的注意呢？"

"虽然它的价格不便宜，但是它有升值空间啊！先看它的款式，大方高雅，永远不会过时；再看它的材质，这是国外设计师专门订制的。"

在导购言语的诱导下，王青决定把这条长裙买下来。

这时，文静悄悄地把王青拉到一边，低声说："青青，你可想清楚了，这样的裙子太贵了！顶上我们一个月的工资了。"

王青笑了一下，拍了拍文静的肩膀说："我身上的钱不够，你带钱了吗？"

"我带卡了。"

文静的话还没说完，王青就急忙走进了试衣间。不可否认，王青穿上那条裙子确实很漂亮。接下来，将要发生的事情可想而知。文静无奈地拿出自己的信用卡，狠心透支了这个月的信用额度，替自己的好姐妹买下了这条裙子。

一天，两个人在电梯里面相遇。文静终于鼓起勇气说出自己的心里话："青青，怎么也不见你穿那条红色的裙子了呢？"文静想从旁敲侧击开始问起。

王青眨了眨眼睛，若无其事地说："别提那件事了，裙子买回来我就穿了一次。我老公说不适合我的身材，我就扔在衣柜里了。"

文静一时语塞，不知道应该说什么好。可她还是鼓足了勇气："可是那条裙子是我透支信用卡帮你买的，这钱……"

"哎呀，你不说我都差点忘记了。"王青满不在乎地说，"你看，那条裙子我就穿了一次，要不我把裙子给你抵账吧！你不会在意的，对吧？"

听到王青这样说，文静的怒火一下子燃烧起来，但一想到两个人还在一起共事，没必要撕破脸皮，只得无奈地说句："好吧。"

莎士比亚曾说："不要轻易借钱给别人，也不要轻易向别人借钱；借钱给别人会让你人财两失，向别人借钱会让你挥霍无度。"可是在日常生活中，每个人都有被别人借钱的经历，而且至少1/5的钱借出去再也没有还回来。所谓"借钱容易要债难"，债务问题处理不好的话，不但让你心中不爽，还会伤了大家的和气。

对有些人来说，你的借款不但在关键时刻帮助了他，还能够增进彼此的友谊。但是对于有些人，你的借款就是一个错误的开始。

欠债还钱，天经地义。可就有这样的一种人：向你借了钱，过后却从来不提还钱的事。此时，你应该怎么办呢？直接要？拉不下面子。暗示？如果对方还是装傻怎么办？

关于这类人，有人就调侃地将其分为两种：一种是真的忘记了；一种是揣着明白装糊涂。

如果是第一种，欠债人会通过你的暗示或看到某件事突然想起，然后觉得很愧疚，不仅还了你的钱，还请你吃一顿。这时，你只要很大度地表示自己不急需用钱，更没有讨债的意思就行了。

要是遇到第二种人就有点麻烦了，暗示对于他们来说没有一点儿用。即便是你直接说，他也不会接招，而是继续装傻。

因此，在借给亲朋好友钱时，我们一定要三思而后行。立借据是很有必要的一件事情，这不仅是对自己负责，也是对友谊和亲情负责。然而，依旧有很多"非常规"的借贷发生在你身边，此时，我们应该怎么样去处理呢？

——我们在借款之前，可以邀请一些朋友，以吃饭、聊天的方式，把钱借给对方。事后如果真的发生债务分歧或争议，这些当时在场的朋友也可以作为证人，以证明当初借款的事实。

——在借款协商过程中，你可以通过手机短信、电子邮件或者QQ、微信等方式，将涉及借款还款有关事项的内容保存下来，证明当时确实存在借款一事。

7. 量力而行，拒绝"人情绑架"

行走社会，每个人都会遇到求人办事的时候。我们也会面临来自各种关系群体的各种请求和命令，这时候，想说拒绝不容易。稍不注意，我们就很容易被人情套住，为他人的请求花费我们的时间、金钱和精力。

每个人都希望自己拥有良好的人际关系，并且能够在人际交往中左右逢源、如鱼得水。然而，人情关系就是一张密密麻麻又复杂的网，你希望别人事事帮助自己，处处给自己留足面子，但前提还得是你也有帮助别人的能力。良好的人际关系不是单靠你来我往就能够做到的。有时候，你必须学会拒绝，否则就会被人情套牢、无法呼吸。

谈判专家费舍尔曾对自己的学生说过，有时自己想写一本有关于说"不"并坚持拒绝的书。当亲朋好友或同事对他施加压力时，他真想放弃自己的立场，屈服让步。可是又心有不甘，悔恨自己的选择。

就像费舍尔一样，大多数人发现，自己想坚持拒绝，又想顺从提出要求的人，真是左右为难。如果拒绝的是一位有价值的客户或是自己的好友，这种"左右为难"的感觉会更为强烈。

某个周五的下午，李爽不停地唉声叹气，一直向丈夫抱怨，说女儿的古琴考级下周三就要开始了，这个周六答应陪她去音乐学院老师那儿培训一下。可是，自己某个闺密就要结婚了，周六下午专门邀请自己陪着去选一下婚纱和礼服。偏偏不巧，那天自己妹夫生日，妹妹准备在家里搞一次大聚会，人手不够，自己还得过去帮忙。

李爽想想自己上班一周已经很累了，大周末就想轻轻松松休息一下，可现在还有这么多事儿等着，真的要累死了。

丈夫在一旁听她抱怨，一边笑一边幸灾乐祸地说："我还不了解你？整天就知道瞎逞能，自己也不懂得推辞一下，那么多事，我看你怎么忙得过来？"李爽郁闷地回答丈夫说："我都焦头烂额了，你还在这儿说我，没办法呀，既然已经答应，我怎么好意思再推脱呢？"

丈夫太清楚李爽的性格了，她总是那样，无法避免各种人情世故的小事，让她学着拒绝，简直比登天还难。别人只要一开口，她二话不说都会答应下来。有确实忙不过来或者心里不情愿的时候，她担心别人不高兴也不会拒绝，更多时候还是碍于熟人情面，从心底里希望帮助别人。这样的后果就是把自己弄得疲惫不堪。

丈夫看到她这样慌张忙乱，实在可怜，便自作主张帮她给朋友和妹妹打电话说她有事，不能前去帮忙了。简单的一句话就避免了诸多麻烦，当然，别人也没有生气，都表示很理解。

生活中，有很多像李爽这样的女人常常被各种人情套牢，被迫做自己不应该做、不愿意做的事，没有了自我，没有了自由的空间，凭空增添了诸多烦恼和沮丧。

"拒绝"是一种"量力"的表现，也能够决定你是否可以根据自己的节奏来决定做事的先后次序，而不是按照他人的节奏来进行。所以，你不必因为拒绝别人一件事而感到不好意思。

马悦然是一个个性独立好强的女孩子，大学一毕业，就独自在离家很远的地方上班。某天，一位老家的同学突然联系她，说自己有一个朋友张希要到马悦然工作的地方去旅游，希望她能够照顾一下这位朋友，有空的时候给张希当一下导游，带他四处转转。

马悦然听说过张希的名字，据说家境不错，但没有工作，到处旅行。现在张希因为旅游来麻烦自己，马悦然心里并不情愿接待。于是，她果断拒绝了老同学的请求，还教育了老同学一番。马悦然说，做人要自强自立，不要有依赖心，别想着依靠谁。他想去哪里玩，可以上网查攻略，自己工作这么忙，没有时间接待他，况且是个陌生人，她也不需要结交这个所谓有钱的朋友。

马悦然的拒绝有理有据，坚决果断，老同学听了也觉得在理，并没有一点不愉快，反而更加敬重马悦然的为人，夸她有原则，值得信任。

马悦然认为朋友托付的这件事有些麻烦，一来自己没有时间，二来也不是自己愿意去做的事情，因此从一开始就态度坚决地拒绝了对方，从而避免了人情上的种种拖累。助人为乐当然是好事，但最好是在自己能力范围之内，若超出了这个范围，助人就不再是快乐，而是沉重的负担。倘若因为勉强自己接受他人的要求而扰乱自己的步伐，最终就会被这种人情牢牢地套住，一环扣一环，无法脱身。

当然，拒绝也不等于无情无义，更不是一意孤行，而是要视自己的情况而定。能做到最好，做不到也不要勉强自己答应。拒绝亲密之人的不当要求是一门学问，是一项应变的艺术。要想在拒绝时既消除自己的尴尬，又不让对方无台阶可下，这就需要掌握一些巧妙的拒绝方法：

避免争辩

曾经有一个叫金六郎的青年想卖一块土地给本田宗一郎，因此前去拜访。

本田宗一郎很认真地听着金六郎的讲话，但一直没有发言表态。

等到金六郎说完后，本田宗一郎也没有给出明确的态度，而是在桌子上拿起一些类似纤维的东西给金六郎看，问金六郎是否知道这是什么。

金六郎回答说："不知道。"

接着，本田宗一郎详细介绍道："这是一种新发现的材料，我想用它来做本田宗一郎汽车的外壳。"

接下来，本田宗一郎一直在介绍，包括这种新型汽车制造材料的来历、好处，以及他设定的明年如何实行这项新的计划打算，等等。金六郎摸不着头脑地听了15分钟，心中已经有些不耐烦了。后来，本田宗一郎送走金六郎时，才顺便告诉他不想买他的那块地。

如果本田宗一郎一开始就告诉金六郎自己不想买那块地，金六郎一定会继续纠缠，并想方设法劝说本田宗一郎，直到他同意为止。本田宗一郎喋喋不休地讲新材料正是为了回避与金六郎的争辩。

避免具体话题

拒绝对方的提议时，最好采用避免话题具体内容的抽象说法。

日本成功学大师多湖辉讲述了这样一个故事：20世纪60年代末，学生运动风起云涌。有一次，一所大学的一间教室里正在上课时，忽然闯进来一群学生运动积极分子，上课的教授顿时没了主意。面对众多学生，教授想表现出宽容和善解人意的风度，所以就给予了这些学生表达自己想法的机会。

教授的想法虽然是好的，换来的却是学生们波涛汹涌的问题，课堂顿时一团糟，课程根本无法进行下去，更不要说有机会说服这些学生了。此后的一年多中，只要这位教授一上课，就有激进派的学生来到课堂上。

这次的事件让教授明白，如果不想接受对方，最好别想说服他，应该在对方一开口的时候就立刻阻止："你们这是妨碍教学，赶快从教室里出去，不得进行与课堂无关的事。"

或许就算教授显示了拒绝的态度，学生也不会退让，但如果一点也不听学生的质问，一开始就断了他们的念头，也不会造成之后的结果。

巧妙转移

面对别人的要求，你不好正面拒绝时，可以采取迂回的战术，或转移话题，或解释理由，达到不答应也不致撕破脸的效果。

有一个乐师，被认识的人邀请加入了一个夜总会乐队。乐师不满意对方开出的薪水，想立即拒绝。但想起两人之间的情分，便不好意思断然拒绝。

于是，他设计了一个计策，先说些笑话，然后态度严肃地说："如果能使夜总会生意兴隆，在下愿意奉献自己。"夜总会老板还没有从笑话中恢复情绪，还是一脸笑意，乐师抓住机会一本正经地说："什么地方让你笑成这样？我知道你笑我。你这是对我的不尊重，这次协议没什么可谈的了，再见！"这样，乐师佯装生气，转身离开。老板虽然十分后悔，也无可奈何。

由此可见，面对不喜欢的对象，可以采取这种出其不意的方式拒绝对方。对于无从下手的情况，不妨参照上例，制造机会，先让对方的情绪处于放松的状态，然后趁对方没有心理准备的时候找到借口及时退出，达到拒绝的目的。

拖延处理

有心理学称，拖延是最厉害的拒绝。一般人都不太好意思拒绝别人，但在很多情况下，我们为了避免多余的困扰，对一些不合理或不合自己心意的事有必要拒绝，但怎样既不伤害对方的自尊心又能达到拒绝的目的呢？当对方提出请求后，不必当场拒绝，你可以说："让我再考虑一下，明天答复你。"这样，既使你赢得了考虑如何答复的时间，也会使对方认为你是很认真对待这个请求的。拖延时间法是一个拒绝的好方法，既不会为难自己，也不会在实质上伤害别人。这样的拒绝方法，何不试试呢？

第九章

适应环境，找准人生的坐标系

◈

　　在人生的坐标系里，一个人占到好地盘，比什么都强。但是，并不是谁都有这样的好运气，可以随便选择环境的，与其想改变现有的环境，不如适应环境。

1. 选择能激发出你潜能的环境

有时候，我们虽然强调内在本质的重要性，却常常忽略了外在环境对于一个人的影响。为什么孟母会选择三迁，就是因为她意识到外在环境对于孩子成长的影响。

在普鲁士南部的尼尔士山区有一种野莓，个头很大，是普通草莓的3~4倍，毒性也很大。当地的土著并没有因为它们含有毒素就舍弃它们，更没有疏远它们、铲除它们，而是在种甜莓的田块里套栽少量的大个毒莓。这些毒莓因为授粉以及汲取甜莓根部的甜液，最终变成了失去固有毒素的大大的甜果。

所以说选择不同的环境，同样的事情很可能出现不同的结果。

一般来说，人的才能源于天赋，而天赋是很难改变的。实际上，大多数人的志气和才能都深藏潜伏着，必须要靠外界的刺激才能激发。志气一旦被激发，如果又能加以持续的关注和教育，就能发挥力量，否则终将萎缩并消失。

因此，如果天赋与才能不被激发，那么，人将变得迟钝并失去本应有的力量。

每个人都被赋予了巨大的才能，但这些才能沉睡着，一旦被激发，我们便能做出惊人的事业。

美国西部有一位法官，他中年时还是不识文墨的铁匠，60岁时却成为全城最大图书馆的负责人，获得许多读者的尊敬，被认为是学识渊博、为民谋福利的人。这位法官唯一的希望，是要帮助同胞们接受教育，获得知识。可是他自己并没有接受过系统的教育，为何会心怀这样的宏大抱负呢？原来他不过是偶然听了一次关于"教育之价值"的演讲。结果，这次演讲唤醒了他潜伏着的才能，激发了他远大的志向，使他做出了这番造福一方的事业。

现实生活中，许多人直到老年才表现出他们的才能。这是为什么呢？有的是由于读到了富有感染力的书籍而受到激发；有的是由于听到了富有说服力的讲演而受感动；有的是由于朋友真挚的鼓励。而对于激发一个人的潜能，作用最大的往往就是朋友的信任、鼓励和赞扬。

在印第安人的学校里，曾刊登过不少印第安青年的照片。他们毕业时的神情与刚从家乡出来时大为不同。在毕业照片上，他们个个服装整齐，脸上流露出富有智慧的神情，双目炯炯，意气风发。看了这样的照片，你一定会预见他们将来能做出伟大的事业。但大部分人回到部落后，奋斗不多时就回到了老样子。只有少数人依靠坚强的意志走出樊篱，成就了自己的人生。

倘若和一些失败者面谈，你就会发现他们失败的原因，是他们从未置身于振奋人心的环境中，他们的潜能从来不曾被激发，因而他们没有力量从不良的环境中奋起。

人的一生中，无论何种情形下，你都要不惜一切代价，走入一种可能激发你的潜能、让你走上自我发奋之路的环境里。努力接近那些了解你、信任你、鼓励你的人，他们对于你日后的成功，具有莫大的影响。你更要与那些努力要在世界上有所表现的人接近，他们志趣高雅、抱负远大，接近他们，你在不知不觉中便会深受他们的感染，养成奋发有为的精神。如果你遇到挫折，那些奋斗者的鼓励，也会让你重新燃起热情。

职场中，我们也会遇到同样的问题。一个受到领导表扬的员工，工作的积极性就会远远大于那些长期受到批评的员工，工作的效率也会高于那些受到批评的员工。

在单位，我们很少会说与工作无关的话题。在家里、与朋友相聚，我们说的通常都是吃喝、穿戴等消遣的话题，这就是环境对于我们的影响。家是一个放松的场所，所以很多工作明明在家里也能处理，但是还是要到公司来才有效率。可能有一些人会觉得，环境对于我来说并没有什么影响，我在家里一样可以工作；环境在一个人的成长过程中也不是起主导作用，你可以看看那些卧底，他们就是依靠自控力来完成任务的。但是，他们不知道这个世界上能不受环境影响的人是非常少的。

我们每个人都对成功有着强烈的渴望，也一直在为着成功而努力。但是，我们在管理自己的同时，也要注意，目前所处的环境是不是适合自己的发展，如果不适合，就应该当机立断，换一个工作环境。一份不适合你的工作、一个对你发展有所束缚的工作环境，只会埋没你的才华，而不能帮助你实现更多的人生价值。

如果是金子，就应该把自己放在珠宝行里，而不是放在煤堆里，任由环境遮盖了你的光芒。

2. 改变不了环境，就改变自己适应环境

改变周围的环境，想必是很多人都有过的梦想。比如，我们会抱怨周围的卫生环境太差了，但是看到遍地的垃圾，自己也会把手里的废纸随手一丢，还会安慰自己说反正已经脏成这样了，也不多一张废纸。也许，大多数人和你抱着同样的想法，如果我们每个人都从改变自己开始，卫生环境不就改观了吗？

面对一大片环境，作为个体，我们是无能为力的，但是我们可以改变自己。

很久以前，人类都是赤脚行走的。一位国王去偏远的乡间旅游，路上有很多碎石头，把他的脚硌得生疼，他大怒，回到皇宫后，就下令国内所有的道路上都要铺一层牛皮。他觉得这样做，不仅自己不再受苦，全国老百姓也都可以免受石头硌脚之苦了。

愿望是好的，问题是哪里来那么多牛皮？就算把全国所有的牛都杀了，也筹措不到足够的皮革，这还不算用牛皮铺路所花费的金钱、动用的人力。但既然是国王的命令，谁敢说个"不"字呢？

就在大家为此发愁的时候，一个聪明的大臣大胆向皇帝谏言说："国王啊！为什么您要劳师动众，牺牲那么多头牛，花费那么多金钱呢？您何不只用两小片牛皮包住您的脚，这样不就免受石头硌脚之苦了吗？"

国王一听，当下醒悟，于是立刻收回命令，改用这位大臣的建议。据说，今天的"皮鞋"就是这么来的。

可见，想改变世界，很难，而改变自己则容易得多。与其改变全世界，不如先改变自己。当你改变了自己，你眼中的世界自然也就跟着改变了。所以，如果你希望看到世界改变，那么第一个必须改变的就是自己。

在英国威斯敏斯特教堂的地下室，圣公会主教的墓碑上写着这样的一段话：

当我年轻的时候，我的想象力没有受到任何限制，我梦想改变整个世界。

当我渐渐成熟明智的时候，我发现这个世界是不可能改变的，于是我将眼光放得短浅了一些，那就只改变我的国家吧！但是这也似乎很难。

当我到了迟暮之年，抱着最后一丝希望，我决定只改变我的家庭、我亲近的人——但是，唉！他们根本不接受改变。

现在在我临终之际，我才突然意识到：如果起初我只改变自己，接着我就可以改变我的家人。然后，在他们的激发和鼓励下，我也许就能改变我的国家。再接下来，谁知道呢，或许我连整个世界都可以改变。

当我们没有能力去改变环境的时候，尤其是环境不利于我们的时候，就改变自己，这是一种智慧，一种策略。

伊索寓言中有一个故事：一阵狂风，把一棵大树连根拔起。大树看到旁边池塘里的芦苇就问："为什么这么粗壮的我都被风刮断了，而这么纤细的你却什么事也没有呢？"芦苇回答说："我知道自己软弱无力，就低下头给风让路，避免了狂风的冲击；而你却拼命抵抗，结果被狂风刮断了。"

我们就应该像芦苇，尽管软弱，但有智慧。面对狂风卷来，不是试图与之对抗，而是伏下身子，低头弯腰，化险为夷。更重要的是，积蓄力量，在机会到来之时，进行全力冲刺。

刘虹大学毕业时国家仍然在分配工作，她被分配到了一个偏远的小山区当教师，不仅条件差，工资更是少得可怜。其实，刘虹在校成绩不错，擅长写作，还曾担任过学校文学社的社长。现在被分到这样一个破地方，她整天愤愤不平，对工作没有热情，连一向爱好的写作也没了兴趣。整天琢磨着"跳槽"，幻想能有机会调一个好的工作环境，拿到一份优厚的报酬。两年过去了，她的工作没有任何起色，写作也荒废了，她也变得郁郁寡欢。

这天，学校开运动会，连附近的村民都来观看，小小的操场被围得水泄不通。她来晚了，站在后面，踮起脚也看不到里面热闹的情景。这时，身旁一个很矮的小男孩儿吸引了她的视线，只见他一趟趟地从远处搬来砖头，在那厚厚的人墙后面，耐心地垒着一个台子，一层又一层，足足垒了半米多高，他才登上台子，还冲刘虹粲然一笑，掩饰不住的是成功的喜悦和自豪。

刹那间，刘虹的心被触动了，操场上的环境已经不能改变了，自己只是站在外面唉声叹气，抱怨自己来晚了。而小男孩儿，却懂得垒一个台子，改变自己的高度，去欣赏比赛。自己一直在抱怨被分配的地方是多么差劲，但是却不曾想到改变自己，她为自己以前的做法感到惭愧。

从此以后，她满怀激情地投入到工作中去，踏踏实实，一步一个脚印。很快，她便成了远近闻名的教学能手，编辑的各类教材接连出版，各种令人羡慕的荣誉纷沓而至。两年后，她被调到自己颇喜欢的一所中专任职。

自然发展规律告诉我们：物竞天择，适者生存。只有不断调整自身适应环境，人才能获得巨大发展。

3. 改变不了别人，就改变自己

如果这个世界就像我们捏泥人的游戏一样就好了，我们可以按照自己的意愿把任何人捏成我们想象中的样子。

但是怎么可能呢？

别人只能是别人的样子，甚至连我们善意的忠告，他们都懒得听，更别说接受我们的改造了。

也许你会说"我从来没有想过去改造别人呀"，其实，这种企图改造别人的行为或者心理每个人都有，只不过你没有意识到罢了。

比如——

你是不是会觉得老公吃饭时狼吞虎咽的样子实在不雅？

你是不是觉得朋友丢三落四的毛病很不好？

你是不是觉得同事真死脑筋，做什么事情都不知道转弯儿？

你是不是认为自己的建议非常完美，老板就应该接受？

……

然后，你就不断地去提醒，找各种理由去说服对方，但是对方似乎并没有因你改变多少，或者根本就不愿意接受你的意见，尽管你的本意是好的。

不要认为别人顽固不化，难道你就希望别人改造你吗？比如，你非常喜欢紫色，所以买衣服的时候常常会不由自主地选择紫色，而别人认为你根本不适合这种颜色，你会怎么想？大概会在心里嘀咕：我爱穿什么穿什么，多管闲事！

当别人不能适应我们，不能按照我们要求的去做的时候，冲突和矛盾就产生了，可以说，人际关系的不和谐多半是因为我们试图让别人适应我们而不成功造成的。所以，当你觉得自己的人际关系不尽如人意的时候，不要把责任归咎于别人，而多从自己身上找找原因。与其去改变别人适应自己，不如改变自己，毕竟相比较别人来说，只有我们自己才受自己掌控。

当一个人不再对别人要求苛刻，不再要求别人适应自己，而是会通过他人的镜子、现实的镜子或者是历史的镜子来剖析自己、调整自己，通过改变自己去适应别人的时候，才是走向成熟和理智的标志。比如，一位同事对你的态度不太友好，你能让他对你有礼貌的唯一方法，就是先改变自己对他的不好印象，对他表示友好和善意。卡耐基曾说："想要别人怎样对你，你就要先对别人怎样。"

改变自己，适应别人，是为了营造更和谐的关系。

有人说，人与人之间相处的艺术，就是一种妥协的艺术，尤其是恋人之间、夫妻之间。

如果你抱着改造对方的心态，比如，他下班刚回到家坐在沙发上抽支烟，你马上就唠叨说："给你说多少遍了，不要在家里抽烟，你怎么就是改不了？"或者说，"回到家要先去洗脸，你怎么就是不听？"时间长了，他还会愿意回家吗？也许他宁愿在办公室里待着加班，也不愿意回家听你唠叨。在他的眼里，家应该是一个随心所欲的地方，舒服比什么都重要，如果你老推着他去达到什么样的标准，他自然就会不耐烦。有的男人甚至宁愿换太太，也不肯"换"自己。

小雯结婚没几个月，就和丈夫离婚了，离婚的原因简直有点荒唐，仅仅是因为她丈夫爱吃咸，而她认定吃盐多了对身体不好，就想把他的口味改淡一点。结果，每次吃饭，都为此争吵不休，结果她的丈夫开始不在家吃饭。为了让丈夫回家吃饭，她就克扣丈夫的工资。再后来，她的丈夫就提出了离婚。

每个人都是一个独立的个体，即便是一个不懂事的孩子，也不会按照你的意愿成长。所以，不要因为对方不听你的话而烦恼不堪，哪怕对方是你的丈夫或者孩子，你也没有权利和能力让他们完全适应你。学着尊重对方的个性，必要的时候，去改变自己。

有一个女人习惯从尾部开始挤牙膏，而她的丈夫却常常做不到这一点，她为此就常常与丈夫争吵不休，后来越吵越烈，最后协议离婚了。这听起来简直匪夷所思，却是事实。如果我们在结婚之前就知道，挤牙膏方式的不同可能会让我们的爱情之火熄灭，我们就一定会用一两分钟的时间在这个问题上达成共识，然后再走向结婚的礼堂。而冷静下来想一想，这相对于自己曾经海誓山盟的爱情，实在是微不足道的一件小事，你为什么就不能妥协一下？或者干脆每天早上给他挤好牙膏？

当然，适应别人，并不是唯唯诺诺的盲从，更不能以失掉自己的个性为代价。就以我们与老板的关系为例来说，既然我们选择了这个老板，并希望在这里有所作为，就应该去适应老板，而不能指望老板来适应我们。但是，为什么有那么多人不停地抱怨老板，然后不停地跳槽？

这就涉及如何适应的问题，有的人为了讨好老板，无论老板说什么都点头称是，没有一点自己的主见，那么这种忠诚也只能称为愚忠而不是智慧，老板自然不会重用一个只会盲目服从的员工。其实真正的适应不是"绝对服从"，而是"合理顺从"。

合理顺从的意思是："提供相关信息，协助老板达成正确决策，以利于自己配合执行"。老板对的，应该听从并且尽力去配合；老板有偏差或缺失的，务必委婉说明劝阻，让老板感觉到你是在以"参与"的心态来协助他达成决策。千万不要明明知道错了，但因为对方地位比自己高，权力比自己大，就盲目服从，或者以此企求获得老板的宠悦。

试图改造别人，让别人适应你，只会引起别人的反感。聪明的人，则会顾全大局，比如为了更好地合作，为了减少冲突，为了共同的幸福，就会在一些非原则的问题上，选择妥协，改变自己去达成目标。

每个人都有支配别人的欲望，因为每个人在潜意识里都希望自己扮演的角色是有影响力的。但是，任何强迫别人改造来适应自己的行为都只能以失败收场。没有人会像泥人一样，任我们随便捏，我们能掌控的只有自己。所以既然改变不了别人，不如先改变自己吧！

4. 适应环境，比改变环境要容易得多

成功总是青睐那些认真工作、积极进取的人。如果你整天一肚子牢骚委屈、自以为大材小用的样子，不仅没有人同情，还可能会被环境淘汰。

有这样一则寓言：一只猫头鹰准备搬家到东方去。斑鸠问它："西方是你的老家，你为什么要搬到东方去呢？"猫头鹰回答说："因为我在西方实在住不下去了，这里的人都讨厌我夜间的叫声。"斑鸠劝道："你唱歌的声音实在难听，晚上更是影响人们的睡眠，所以大家都讨厌你。要是你改变声音或停止夜间歌唱，不就仍然可以在西方住下去了吗？不然的话，就算搬到东方，那里的人还是会讨厌你的。"

寓言虽属虚构，但给我们以深刻的启示：改变环境不如适应环境，而且适应环境远远比改变环境要容易得多。

一般来说，职场中有两种人——改变环境的人和适应环境的人。大多数人都是适应环境的人，就像坚韧的仙人掌，在多么贫瘠的土地上都能够生存。但还有那么一些极少数的人，他们就像雨露一样，慢慢地渗透土地，使之化贫瘠为富饶。

有一则小故事：

有一个人总是落魄不得志，便有人向他推荐了一位能答疑解惑的智者。

智者沉思良久，默然舀起一瓢水，问："这水是什么形状？"这人摇头："水哪有什么形状？"智者不答，只是把水倒入杯子，这人恍然大悟"我知道了，水的形状像杯子。"智者摇头，轻轻端起杯子，把水倒入一个盛满沙土的盆，清清的水便一下融入沙土，不见了。

这个人陷入了沉默与思索。过了很久，他说："我知道了，社会处处像一个规则的容器，人应该像水一样，盛进什么容器就是什么形状。而且，人还极可能在容器中消逝，就像这水一样，消逝得迅速、突然，而且一切无法改变！"

"是这样，"智者拈须，转而又说，"又不是这样！"说毕，智者出门，这人随后。在屋檐下，智者用手指着青石板上的小窝说："一到雨天，雨水就会从屋檐落下，看这个凹处就是水落下的结果：

此人大悟："我明白了，人可能被装入规则的容器，但又可以像这小小的水滴，改变着这坚硬的青石板。"

智者说："对，这个窝会变成一个洞！"

就是说，生活之中会有各种各样的环境，要融入环境中，但是也要努力地展示自我，用自我的精神影响环境，就像石缝里生长的松柏，一丛苍翠，傲然挺立！

适应环境是人生来就有的潜能，人之所以为人，也是长期进化的结果。来看这样一个小故事：

一位哲学家搭乘一个渔夫的小船过河。行船之际，这位哲学家向渔夫问道："你懂得数学吗？"

渔夫回答："不懂。"

哲学家又问："你懂得物理吗？"

渔夫回答："不懂。"

哲学家再问："你懂得化学吗？"

渔夫回答："不懂。"

哲学家叹道："真遗憾！这样你就等于失去了一半的生命。"

这时水面上刮起了一阵狂风，把小船给掀翻了，渔夫和哲学家都掉进了水里。

渔夫向哲学家喊道："先生，你会游泳吗？"

哲学家回答："不会。"

渔夫非常遗憾地说："那么你将失去整个生命了！"

这是一个伟人给他心爱的女儿所讲的一个故事。它寓含了一个非常深刻的人生哲理：一个没有学会在人生长河中游泳的人，即使其他的东西学得再多，也无法生存下来，因为他缺乏基本的适应和生存能力。

人是自然与社会的统一体。婴儿出生时只是个自然的生物人。要转化成社会人，就必须经历社会化的过程，人的社会化即个体与社会不断调整适应的过程。

一个人要在社会中生存和发展，就必须使自己的思想观念、思维方式、知识能力以及生活方式、生活习惯等等一切同社会环境相适应。一个人要在事业上有所作为，离不开职业岗位提供的条件，离不开领导的支持和周围人的帮助，而这一切的获取是以适应为前提条件的。

正所谓：入海为龙你就行云布雨，上山成虎你就威慑山林。担任领导应该公正无私，具体经办就要兢兢业业。优胜劣汰，适者生存。学会适应环境，调节心态，这一生就必然会活得充实而精彩！

5. 逆境是上天的恩赐

一位伟人说过："并不是每一次不幸都是灾难，早年的逆境通常是一种幸运。与困难作斗争不仅磨砺了我们的人生，也为日后更为激烈的竞争准备了丰富的经验。"高尔基也曾说过："苦难是最好的大学。"逆境和苦难常常能锻炼人们的意志，一旦具备了像钢铁一般的意志，成功对于他们而言，也是理所当然的事情了。事实上，每一位杰出人物的成长道路都不是一帆风顺的。正是因为他们善于在艰难困苦中向生活学习，磨砺意志，才在最险峭的山崖上扎根成长为最伟岸挺拔的大树，昂首向天。

大约在两个半世纪以前，在法国里昂的一个盛大宴会上，来宾们就一幅绘画到底是表现了古希腊神话中的某些场景，还是描绘了古希腊真实的历史画面，彼此间展开了激烈的争论。看到来宾们一个个面红耳赤，吵得不可开交，气氛越来越紧张，主人灵机一动，转身请旁边的一个侍者来解释一下画面的意境。

这是一位地位卑微的侍者，他甚至根本就没有发言的权利，来宾们对主人的建议感到不可思议。结果却大大出乎人们的意料，这位侍者的解释令所有在座的客人都大为震惊，因为他对整个画面所表现的主题作了非常细致入微的描述。他的思路非常清晰，理解非常深刻，而且观点几乎无可辩驳。因而，这位侍者的解释立刻就解决了争端，所有在场的人无不心悦诚服。大家对侍者一下子产生了兴趣。

"请问您是在哪所学校接受教育的，先生？"在座的一位客人带着极其尊敬的口吻询问这位侍者。

"我在许多学校接受过教育，阁下，"年轻的侍者回答说，"但是，我在其中学习时间最长，并且学到东西最多的那所学校叫作'逆境'。"

这个侍者的名字叫作让·雅克·卢梭。他的一生确实都是在逆境中度过的。早年贫寒交迫的生活，使得卢梭有机会成为一个对整个社会的方方面面有着深刻认识的人，尽管他那时只是一个地位卑微的侍者。然而，他却是那个时代整个法国最伟大的天才，他的思想甚至对今天的生活仍有着重要的影响。让·雅克·卢梭的名字，和他那闪烁着人类智慧火花的著作，就像暗夜里的闪电一样照亮整个欧洲。

这一切伟大成就的取得，莫不得益于那所叫"逆境"的学校。

"逆境"是最为严厉最为崇高的老师，它用最严格的方式教育出最杰出的人物。人要获得深邃的思想，或者要取得巨大的成功，就要善于从艰难穷困中摒弃浅薄。不要害怕苦难，不要鄙夷不幸。往往不幸的生活造就的人才会深刻、严谨、坚忍并且执着。

很多年轻人也许都心存愤懑，也许都在抱怨命运的不公平，抱怨环境对自己的不利影响，那么，读一读英国著名作家威廉姆·科贝特当年如何学习的事，一定能让你停止这类的抱怨。

科贝特回忆说："当我还只是一个每天薪俸仅为6便士的士兵时，我就开始学语法了。我铺位的边上，或者是专门为军人提供的临时床铺的边上，成了我学习的地方。我的背包也就是我的书包。把一块木板往膝盖上一放，就成了我简易的写字台。在将近一年的时间里，我没有为学习而买过任何专门的用具。我没有钱来买蜡烛或者是灯油。在寒风凛冽的冬夜，除了火堆发出的微弱光线之外，我几乎没有任何光源。而且，即便是就着火堆的亮光看书的机会，也只有在轮到我值班时才能得到。为了买一支钢笔或者是一叠纸，我不得不节衣缩食，从牙缝里省钱，所以我经常处于半饥半饱的状态。"

"我没有任何可以自由支配的用来安静学习的时间，我不得不在室友和战友的高谈阔论、粗鲁的玩笑、尖利的口哨声、大声的叫骂等等各种各样的喧嚣声中努力静下心来读书写字。要知道，他们中至少有一半以上的人是属于最没有思想和教养、最粗鲁野蛮、最没有文化的人。你们能够想象吗？"

"为了一支笔、一瓶墨水或几张纸我要付出相当大的代价。每次，揣在我手里的用来买笔、买墨水或买纸张的那枚小铜币似乎都有千钧之重。要知道，在我当时看来，那可是一笔大数目啊！当时我的个子已经长得像现在这般高了，我的身体很健壮，体力充沛，运动量很大。除了食宿免费之外，我们每个人每周还可以得到两个便士的零花钱。我至今仍然清楚地记得这样一个场面，回想起来简直就是恍如昨日。有一次，在市场上买了所有的必需品之后，我居然还剩下了半个便士，于是，我决定在第二天早上去买一条鲱鱼。当天晚上，我饥肠辘辘地上床了，肚子在不停地咕咕作响，我觉得自己快饿晕过去了。但是，不幸的事情还在后头，当我脱下衣服时，我竟然发现那宝贵的半个便士不知道在什么时候已经不翼而飞了！我一下子如五雷轰顶，绝望地把头埋进发霉的床单和毛毯里，就像一个孩子般伤心地号啕大哭起来。"

但是，即便是在这样贫困窘迫的不利环境下，科贝特还是坦然乐观地面对生活，在逆境中卧薪尝胆、积蓄力量，坚持不懈地追求着卓越和成功。

科贝特后来成了著名的作家。艰难的环境不但没有消磨他的意志，反而成为他不断前进的动力。他说："如果说我在这样贫苦的现实中尚且能够征服艰难、出人头地的话，那么，在这世界上还有哪个年轻人可以为自己的庸庸碌碌、无所作为找到开脱的借口呢？"

如果你想出人头地的话，就让一切借口和抱怨都见鬼去吧！

真正杰出的人物，总是能突破逆境，崛起于寒微。艰难的环境既能毁灭人，也能造就人；不过，它毁灭的是庸夫，而造就的往往是伟人！

6. 耐得住寂寞，经得起诱惑

一个人要取得事业的成功，必然要经历困难和痛苦的过程。是成功还是失败，往往在于有没有耐力，有没有坚忍不拔的忍耐。有时候成功者和失败者的主要区别就在于能否耐得住寂寞。

越王勾践，曾是吴王的阶下囚，沦落到为吴王夫差当马前卒的地步。可身处如此境遇的他仍然忍辱负重，甘心忍受这寂寞漫长的牢狱之灾。最后，他东山再起，打败了吴王夫差。

史学家司马迁，被害入狱，惨遭酷刑，可他没有放弃，而是在狱中，独自忍受着屈辱和寂寞，专心写作，终于完成了我国的第一部纪传体通史——《史记》，从此留名青史。

著名的画家梵高，生前陪伴他的只有那大片大片的金黄色的麦田、倒了一只靴子的杂乱的房间、色彩浓烈得让人窒息的向日葵。当时人们普遍不认同梵高的作品，后世的人们却推崇他的价值，让他的作品被卖到天价。

在寂寞中，贝多芬悄然地品尝着生活的不幸，却没有向命运低下那不屈的头颅。所以，他的《命运交响曲》充满着穿透人心、震撼人心的力量。

没有人一辈子都在成功，也没有人一辈子都不会成功。很多人不能成功，并不是自己没有成功的欲望，而是欲望太过强烈，目标太过宏大，心情太过急切。

一个母亲生第一个孩子要用10个月时间，生第二个孩子同样需要10个月的时间。人生如同生孩子一样，都需要时间，每个人的成功都是如此，任何一个人的人生都不是轻松的，所以要有"耐得住寂寞，抵得住诱惑"的良好心态才行。

每个渴望成功的人都像浮在湖面的鸭子，脚掌在水下也要不停地扑腾，就是为了不沉下去，怎样让自己浮在水面的时间长一点或者永远浮在上边，这是值得我们思考的。

一个人要耐得住寂寞，耐得住诱惑，还要耐得住压力，这样才能百炼成钢。

寂寞是很多人都要面对的起点，都要经过的阶段，唯一能改变的就是看自己要怎么度过它。有些人能够忍受和战胜这一刻的寂寞，下一刻的寂寞，所以他迎来了成功，而有些人就只能在对寂寞的感慨中、怨天尤人中不停地走着。

一位美国心理学家曾经做过这样一个实验，并进行了长期跟踪调查。心理学家给一些4岁的小孩子每人1颗非常好吃的软糖，同时告诉孩子们可以吃糖，如果马上吃，只能吃1颗；如果等20分钟，则能吃两颗。面对糖果的诱惑，有些孩子急不可待，马上把糖吃掉了；另一些孩子却能等待对他们来说是无限漫长的20分钟。为了使自己耐住性子，他们闭上眼睛不看糖，或头枕双臂、自言自语、唱歌，有的甚至睡着了。最后，他们终于吃到了两颗糖。

这个实验后来一直继续了下去，那些在他们几岁时就能等待吃两颗糖的孩子，到了青少年时期仍能等待，而不急于求成。而那些迫不及待只吃了一颗糖的孩子，在青少年时期更容易有固执、优柔寡断和压抑等个性表现。

当这些孩子长到上中学时，就会表现出某些明显的差异。对这些孩子的父母及教师的一次调查表明，那些在4岁时能以坚忍换得第二颗软糖的孩子常成为适应性较强，冒险精神较强，比较受人喜欢，比较自信、独立的少年。而那些在早年就经不起软糖诱惑的孩子则更可能成为孤僻、易受挫、固执的少年，他们往往屈从于压力并逃避挑战。

研究人员在十几年以后再考察那些孩子现在的表现后发现，那些能够为获得更多的软糖而等待得更久的孩子要比那些缺乏耐心的孩子更容易获得成功，他们的学习成绩要相对好一些。在后来几十年的跟踪观察中，有耐心的孩子在事业上的表现也较为出色。

在这个试验中，糖果是一种诱惑，在追求成功的过程中，学会寂寞就是在拒绝诱惑。当对梦想的渴望更强烈，对成功的目标更坚定，忍受得了寂寞，就是在走向成功。过早地吃到自己的糖果，过早地屈服于诱惑，只会让自己离成功更远。

寂寞，可以让我们有时间仔细审视自己的过去、现在、将来；

寂寞，可以让我们有空间认真地环顾自己的后面、周围、前方；

寂寞，可以让我们有兴趣轻松面对自己的快乐、悲伤；

寂寞，可以让我们有精神全力地爱护自己的亲人、朋友、爱人；

寂寞，更可以让我们有毅力牢牢地把握自己的人生。

不在沉默中爆发，就在沉默中死亡，今天的沉默只为明天的迸发，现在的寂寞必然得到将来的成功。

7. 换环境前，先停下来给自己定位

谁都无权强迫我们做自己不喜爱的工作，我们也不应该去做这样的工作，除非它能够帮助我们最终获得自己喜爱的工作。

如果因为过去的失误，导致我们进入了自己并不喜爱的行业，处在不如意的工作环境中，有一段时间我们确实不得不做自己并不想做的事情。

如果我们觉得目前的工作不适合自己，请不要仓促转换工作。通常说来，转换行业或工作的最好方法，是在自身发展的过程中顺势而为，在现有的工作中寻找改变的机会。当然，如果一旦机会来临，在审慎的思考和判断后，就不要害怕进行突然的、彻底的变化。

但是，如果我们还在犹豫，还不能得出明确的判断，请不要仓促行事、贸然行动。

熙熙攘攘的伦敦街头，繁华的霓虹灯下，一个可怜的乞丐站在地铁出口处卖铅笔，很多人看也不看一眼便越过他直奔自己的目的地。乞丐正盘算着如何更好地乞讨以解决自己的晚餐时，一名商人路过，向乞丐杯子里投入几枚硬币，匆匆忙忙而去。过了一会儿商人转回来取了支铅笔，他说："对不起，我忘了拿铅笔，你我毕竟都是商人。"乞丐犹如遭遇当头棒喝……

几年后，商人参加一次高级酒会，遇见了一位衣着考究的先生向他敬酒致谢。这位先生说，他就是当初卖铅笔的乞丐。他生活的改变，得益于商人的那句"你我都是商人"，是你给了我重新定位人生的机会。

故事告诉我们：当你定位于乞丐，你就是乞丐；当你定位于商人，你就是商人。定位对于人生举足轻重，一个人的发展在某种程度上取决于自己对自己的评价，在心目中你把自己定位成什么，你就是什么，因为定位能决定人生，定位能改变人生。

反过来说，就算你给自己定位了，如果定得不切实际，或者没有一种健康的心态，也不会取得成功。

美国西部的一个小乡村，一位家境清贫的少年在15岁那年，写下了他气势非凡的毕生愿望："要到尼罗河、亚马孙河和刚果河探险；要登上珠穆朗玛峰、乞力马扎罗山和麦金利峰；驾驭大象、骆驼、鸵鸟和野马；探访马可波罗和亚历山大一世走过的道路，主演一部《人猿泰山》那样的电影，驾驶飞行器起飞降落，读完莎士比亚、柏拉图和亚里士多德的著作，谱一部乐曲，写一本书；拥有一项发明专利，给非洲的孩子筹集100万美元捐款……"

他洋洋洒洒地一口气列举了127项人生的宏伟志愿。不要说实现它们，就是看一看，也足够让人望而生畏了。

少年的心却被他那庞大的毕生愿望鼓荡得风帆劲起，他的全部心思都已被那一生的愿望紧紧地牵引着，并让他从此开始了将梦想转为现实的漫漫征程，一路风霜雨雪，硬是把一个个近乎空想的夙愿，变成了活生生的现实，他也因此一次次地品味到了搏击与成功的喜悦。44年后，他终于实现了《一生的愿望》中的106个愿望……

他就是20世纪著名的探险家约翰·戈达德。

当有人惊讶地追问他是凭着怎样的力量，把那许多注定的"不可能"都踩在了脚下，他微笑着如此回答："很简单，我只是让心灵先到达那个地方，随后，周身就有了一股神奇的力量，接下来，就只需服从心灵的召唤前进了。"

成功，是人人都渴望的，但是坚持不达目标不罢休的信念，以及为到达成功彼岸而付出一系列的努力，却不是人人都能做到的。究竟怎样才能走向成功呢？

约翰·戈达德，用自己的经历说明了一个道理，那就是安静下来，听从内心的指引。如此，才能明确自己的象限，找准自己的坐标，才能勾勒出自己清晰的人生轨迹。明确人生的目的地，并为此不懈努力，才能最终成功抵达。

你听清楚内心的指引了吗？

19世纪，约翰·皮尔彭特从耶鲁大学毕业，前途看上去充满了希望。然而命运似乎有意捉弄他。皮尔彭特对学生是爱心有余而严厉不足，他很快就结束了做教师的职业生涯。但他并没有因此而灰心，依然信心十足。

不久他当了一名律师，准备为维护法律的公正而努力。但他的性格似乎一点都不适合这一职业。他认为当事人是坏人，就会推掉找上门来的生意；他认为当事人是好人，又会不计报酬地为之奔忙。对于这样一个人，律师界当然感到难以容忍，皮尔彭特只好再次选择离去，成了一位纺织品推销商。然而，他好像并没有从过去的挫折中吸取教训。他看不到商场竞争的残酷，在谈判中总让对手大获其利，而自己只有吃亏的份。于是，他只好再改行当了牧师。然而，他又因为支持禁酒和反对奴隶制而得罪了教区信徒，被迫辞职……

1886年，皮尔彭特去世了。在他81年的生命历程中，他似乎一事无成。但是，你一定听过这首歌："冲破大风雪，我们坐在雪橇上，快速奔驰过田野，我们欢笑又唱歌，马儿铃儿响叮当，令人心情多欢畅……"

这首家喻户晓的儿歌——《铃儿响叮当》，它的作者正是皮尔彭特。这是他在一个圣诞节前夜作为礼物，为邻居家的孩子们写的。因为他有着开朗乐观的性格、博大无私的胸怀、纯洁明净的内心，所以才能写出这样一首充满爱心和童趣的优秀作品。

由此看来，皮尔彭特之所以做不成称职的教师、律师和牧师，之所以在这些领域里一塌糊涂，就在于他的性格不适合这些职业。而他最适合的职业就是作家。可惜他选错了职业，最后只留下了这么一首儿歌。

皮尔彭特的故事告诉我们，再贵重的东西如果用错了地方，也只能是垃圾或废物。在人生的坐标系里，一个人找到适合自己的地盘，比什么都重要。

所以，看看自己的位置错了没有？位置站错了，那么一开始你就错了，如果还要继续错下去，你可能会永久地在卑微和失意中沉沦。

在其他所有条件相同的情况下，最好选择一个能够充分发挥自己特长的行业；但是，如果我们对某个职业怀有强烈的愿望，那么，我们应该遵循愿望的指引，选择这个职业作为自己最终的职业目标。

　　无论我们是否打算寻找新的工作，眼下所做的一切都应该与现有的工作密切相关。我们每天都应该以"特定方式"行事，积极利用目前的工作创造机会，以便有一天能够获得自己喜欢的工作，或者进入自己喜欢的行业。